高等职业教育新形态精品教材

中国画教程

Chinese Painting Course

主　编　唐清华
副主编　王　娟　何春林　吴　丹
参　编　金　花　徐　强　徐晓欣
　　　　唐静礼　谢德明

北京理工大学出版社
BEIJING INSTITUTE OF TECHNOLOGY PRESS

内容提要

本书针对美术教育、艺术设计、美术相关服务及管理等岗位应具备的艺术思维能力，遵循“以能力培养为本位、以应用为主旨”的原则来构建内容体系。全书以“模块—单元—任务”为逻辑链条，按照“中国画发展简史及工具材料—花鸟画—山水画—人物画”的学习顺序编写，包含4个模块10个单元。本书配套了视频及参考图片等拓展学习资料，以技法讲解为主、理论讲解为辅，由浅入深，层层递进。

本书可作为高等院校艺术设计、美术学、书画艺术等专业的专业课教材，也可作为相关从业人员及广大美术爱好者的参考用书。

图书在版编目（CIP）数据

中国画教程 / 唐清华主编 .-- 北京：北京理工大学出版社，2023.5（2023.7 重印）
ISBN 978-7-5763-2440-2

Ⅰ.①中… Ⅱ.①唐… Ⅲ.①国画技法－教材 Ⅳ.①J212

中国国家版本馆 CIP 数据核字（2023）第 096561 号

出版发行 / 北京理工大学出版社有限责任公司
社　　址 / 北京市海淀区中关村南大街 5 号
邮　　编 / 100081
电　　话 / （010）68914775（总编室）
（010）82562903（教材售后服务热线）
（010）68944723（其他图书服务热线）
网　　址 / http：//www.bitpress.com.cn
经　　销 / 全国各地新华书店
印　　刷 / 河北鑫彩博图印刷有限公司
开　　本 / 889 毫米 ×1194 毫米　1/16
印　　张 / 9.5
字　　数 / 233 千字
版　　次 / 2023 年 5 月第 1 版　2023 年 7 月第 2 次印刷
定　　价 / 67.00 元

责任编辑 / 时京京
文案编辑 / 时京京
责任校对 / 刘亚男
责任印制 / 王美丽

图书出现印装质量问题，请拨打售后服务热线，本社负责调换

前言

PREFACE

中国画是我国的传统绘画形式，在世界美术领域中自成体系。中国画课程是高校美术教育、艺术设计类专业课程设置的重要组成部分，是审美教育的重要手段。中国画课程学习的意义并非简单地掌握形式技法，更重要的是感受中国绘画艺术在民族文化精神的孕育下，历经数千年丰富、完善和发展所形成的独特民族风格、民族精神及价值取向，从而形成高雅的、健康的审美情趣。

编者根据《国家职业教育改革实施方案》《“十四五”职业教育规划教材建设实施方案》精神要求，确立了本书为校校、校企合作的“双元”活页式教材，编写团队成员包括美术教师及设计行业工作者。本书针对美术教育、艺术设计、美术相关服务及管理等岗位应具备的艺术思维能力，遵循“以能力培养为本位、以应用为主旨”的原则来构建内容体系。全书以“模块—单元—任务”为逻辑链条，按照“中国画发展简史及工具材料—花鸟画—山水画—人物画”的学习顺序编写，配套了视频及参考图片等拓展学习资料，以技法讲解为主、理论讲解为辅，由浅入深，层层递进。

在本书编写过程中，唐清华负责本书的主要编写工作，王娟参与编写模块一，徐强、何春林参与编写模块二，金花、唐静礼、吴丹参与编写模块三，吴丹、谢德明参与编写模块四，徐晓欣进行了部分编写及视频剪辑、文档排版等工作。同时，本书收录了王宝峰、李晓明、马国强等艺术大家的绘画作品，在此表示衷心的感谢。本书少数图例内容选自有关出版物或网站，在此一并表示诚挚的谢意。

由于对于“双元”活页式教材的编写，我们还在探索的路上，书中难免存在不足之处，恳请广大读者批评指正。

编　者

目录
CONTENTS

模块一

中国画概述

知识目标

了解中国画分类、山水画发展史、花鸟画发展史、人物画发展史。

技能目标

掌握中国画历史进程中的关键人物和事件，学会中国画欣赏方法。

素质目标

在掌握民族审美历史的基础上，体会中华民族自古以来所具有的开放胸怀、创造精神和文化自信。

单元一 中国画发展简史

一、史前绘画

仰韶文化和马家窑文化

原始美术并不是纯粹为“美”而创造，而是与先民们的实际生活、宗教观念密切相关。新石器时代的标志是开始运用磨制石器和陶器的发明。在彩陶上绘制动物、植物和人形纹样就是新石器时代的绘画艺术风格，以仰韶文化（图 1-1-1）与马家窑文化（图 1-1-2）的彩陶图案为代表。

图 1-1-1　三鱼纹彩陶盆 仰韶文化半坡类型（陕西西安半坡）

图 1-1-2　彩陶双耳罐 马家窑文化马家窑类型（甘肃宁夏）

二、先秦绘画

先秦时期的绘画艺术与当时的宗教、政治有着密不可分的关系，绘画的内容以人物肖像、人物故事为主，多是把艺术作为礼制与教化的工具。这表明中国早期绘画已经开始具有“成教化、助人伦”的功能。

（一）帛画

在造纸术发明以前，帛是最主要的绘画材料。帛是丝织品，具有表面光洁、质地细腻的特点。现存最著名的两件帛画是出土于湖南长沙陈家大山楚墓中的《人物龙凤图》（图 1-1-3）和出土于长沙城东子弹库楚墓的《人物御龙图》（图 1-1-4）。

图 1-1-3　《人物龙凤图》战国（湖南长沙陈家大山）

图 1-1-4　《人物御龙图》战国（湖南长沙子弹库）

（二）漆画

春秋战国时期，漆器种类繁多，家具、生活用品、乐器、兵器附件等普遍髹漆，纹饰更加精美，并且出现了情节性的漆画作品。1978 年，湖北随州擂鼓墩曾侯乙墓内出土的漆内棺、漆衣箱及鸳鸯形漆盒等，其上有乐舞及驱邪活动的描绘（图 1-1-5），为我们打开了一座战国漆器的宝库。

图 1-1-5 《曾侯乙墓内棺漆画》战国（湖北随州擂鼓墩）

引魂升天图

三、秦汉绘画

秦汉时期历时 440 年，处于封建社会蓬勃发展的前期。秦汉的统一有利于社会生产和文化艺术的发展。绘画在秦汉时期发展成为美术中的主要门类，题材内容较为丰富，主要有日常生活场面、历史故事、神话传说和天象图四类，创作技巧也显著提高。

（一）帛画

据文献记载，汉代帛画作品较多，但是由于丝织品不易保存，现存的基本都是考古发掘的出土文物，其中，以湖南长沙马王堆出土的汉代帛画最有代表性。在长沙马王堆一号利苍之妻和三号利苍之子墓中，各有一件 T 形帛画，汉代称其为“非衣”，又作“飞衣”，是送葬出殡时用的魂幡，最后覆盖在内棺上。它们的内容相同，以一号墓帛画《引魂升天图》（图 1-1-6）的绘制更为精彩。

图 1-1-6 《引魂升天图》西汉（湖南长沙马王堆轪侯利苍妻子墓）

（二）漆画

漆画艺术在汉代称为“油画”，长沙马王堆出土的漆画作品令人震惊。其中一号墓出土的棺椁上的漆画尤为精彩，中棺是以朱漆为底，绘有玉璧、“山”字形图案、白鹿等珍稀之物，色调和煦热烈，充满祥瑞之气（图 1-1-7）；内棺用黑漆打底，用 S 形白色云气作为贯穿画面的主线，再画上牛头、马面等神灵怪兽飞走其间，洋溢着旺盛的生命活力（图 1-1-8）。

图 1-1-7　马王堆出土的漆画作品 西汉

图 1-1-8　马王堆出土的漆画作品 西汉

四、魏晋南北朝绘画

魏晋南北朝是中国历史上一个动荡的年代。这个时期，不同民族、区域、文化的政权都在急剧兴起与衰落。这种多元的政治格局成就了文化的开放局面，从统治者到平民百姓都不像在太平盛世那样恪守某一传统而心无旁骛，形成了中国文化史上第一次大的碰撞和融合。

（一）主要画家

魏晋南北朝时期产生了众多杰出的人物画家。曹不兴，卫协，王廙，戴逵、戴勃父子，史道硕兄弟等为世所重，而顾恺之、陆探微、张僧繇被并称为“六朝三大家”，他们的人物画各有特色，据记载有着“张（僧繇）得其肉、陆（探微）得其骨、顾（恺之）得其神”的明显差别。张僧繇在佛教绘画方面成就突出，创造了一种被称为“张家样”的独特艺术风格。另有曹仲达所画人物衣衫紧窄，贴覆于身躯，犹如刚从水中出来一般，有“曹衣出水”之说，这种被称为“曹家样”的艺术风格对后世佛教题材绘画、造像有着深远的影响。顾恺之是东晋最伟大的画家之一，他的绘画真迹今已无存，现存的画迹有摹本《洛神赋图》《女史箴图》（图 1-1-9）、《烈女仁智图》等。

顾恺之《女史箴图》

图 1-1-9 《女史箴图》（局部） 东晋 顾恺之（唐摹本）

（二）墓室、石窟壁画

目前已通过考古发掘多处魏晋南北朝时期的墓葬，在这些墓葬之中，除陶器、玉器、陶俑等随葬品外，还发现大量珍贵的墓室壁画。其中，山西太原王家峰徐显秀墓内的壁画《仪仗出行》（图 1-1-10）规模宏大，很好地体现了当时的社会风貌。

图 1-1-10 《仪仗出行》北魏（山西太原王家峰徐显秀墓）

现存魏晋南北朝时期石窟壁画主要分布在新疆、甘肃等西北地区，如敦煌石窟壁画（图 1-1-11）、克孜尔石窟壁画（图 1-1-12）、炳灵寺石窟壁画及麦积山石窟壁画等。这些丰富的壁画遗存为研究美术史及佛教文化提供了重要的实物资料。

图 1-1-11 《鹿王本生图》北魏（敦煌莫高窟 257 窟）

图 1-1-12 《降伏六师外道图》4—6 世纪（克孜尔石窟 80 窟）

五、隋唐绘画

隋唐时期的艺术观念与当时开放的文化情境是一致的，在都城规划、建筑、工艺美术各门类，无不体现出富丽堂皇的气派。绘画和书法同样气度恢宏，艺术成就令人称道。

（一）隋代绘画

隋代统一后大兴佛寺，不少参与绘制佛寺壁画的绘画高手是继南北朝之后在绘画方面承上启下的画家，如郑法士、董伯仁、杨契丹、展子虔等。他们不但擅长宗教人物画，也创作以描绘上层社会生活为主的世俗生活题材作品，其中，仅有展子虔的《游春图》（图 1-1-13）存世，此图被宋徽宗定为真迹。

图 1-1-13 《游春图》 隋 展子虔

（二）唐代绘画

1. 山水画家

自唐代开始，山水画便从人物故事的背景中独立出来，成为中国画新的画种，并逐渐形成了两种风格迥异的流派：以唐朝宗室李思训、李昭道父子为代表的带有浓郁宫廷艺术色彩的青绿勾斫和以王维为代表的奔放豪迈、无所羁绊的水墨渲染。

李思训继承并发展了展子虔的画法，用笔工致、着色浓烈，充分发挥线与色的效能，确立和完善了“青绿金碧”山水一派的风格。其画堂皇华丽、装饰性强，颇符合贵族品位。传为李思训所作的《江帆楼阁图》（图 1-1-14）是体现其风格特点的代表作品。

图 1-1-14 《江帆楼阁图》唐 李思训

王维工诗画、善音律，在当时享有盛誉。据史料记载，王维常以辋川作为题材进行创作，但尚无可靠真迹流传下来。王维首创“破墨”山水技法，极大地发展了山水画的笔墨意境。苏东坡评价他的作品“味摩诘之诗，诗中有画；观摩诘之画，画中有诗”。现收藏于我国台北故宫博物院的《雪溪图》（图 1-1-15）传为王维所作，坡石有渍染似无勾皴，虽无落款，但是有宋徽宗赵佶题签，可以说是最接近于史载王维绘画风格的一件作品了。

图 1-1-15 《雪溪图》唐 王维

2. 人物仕女画家

唐代是中国绘画走向成熟的关键时期，尤其是人物画，在唐代获得了重大的发展。

初唐人物画家阎立本的代表作有反映民族交往活动的《步辇图》（图 1-1-16）、历史人物肖像《历代帝王图》（图 1-1-17）等。

图 1-1-16 《步辇图》唐 阎立本

图 1-1-17 《历代帝王图》(局部) 唐 阎立本

张萱以画仕女为主，兼画儿童、鞍马等。他的仕女画被称为“绮罗人物”，长于表现上层妇女闲散的生活，《虢国夫人游春图》（图 1-1-18）和《捣练图》（图 1-1-19）是他传世的代表作。

周昉继承并发展了张萱的仕女画，不仅人物刻画准确，而且能通过画笔揭示人物的心理和性格特征。他传世的作品有《簪花仕女图》（图 1-1-20）、《调琴啜茗图》等，从中可以看到唐代工笔人物画的卓越成就。

吴道子十几岁时便在绘画艺术上显露出众的才华，因画名被唐玄宗赏识并召入宫中。他的线描技巧了得，特别是在中年以后创造了遒劲奔放的“莼菜条”画法，取得了“天衣飞扬，满壁风动”的效果，创造了独具一格的佛教画法“吴家样”。另外，他还推出只有线描不上彩的“白画”，是后世白描的先驱。现存于北京徐悲鸿纪念馆的《八十七神仙卷》（图 1-1-21）传为吴道子绘画风格的作品。

图 1-1-18　《虢国夫人游春图》唐 张萱

图 1-1-19　《捣练图》（局部）唐 张萱

图 1-1-20　《簪花仕女图》（局部）唐 周昉

图 1-1-21　《八十七神仙卷》（局部）唐 吴道子（传）

3. 花鸟、鞍马、杂画

唐代花鸟画开始独立成科，鞍马、杂画也有了很大的发展。

韩干画马，不拘于成法，注重观察实物和写生。他画的马，体态剽悍肥壮，精神饱满，生机勃勃，是典型的唐代风格。韩干的传世作品有《牧马图》（图 1-1-22）、《照夜白图》（图 1-1-23）等。

图 1-1-22　《牧马图》唐 韩干

图 1-1-23　《照夜白图》唐 韩干

六、五代两宋绘画

（一）五代绘画

五代时期，中原地区的战乱使不少画家往四川和江南迁移，两地的统治者酷爱书画，建立了中国画史上最早的宫廷画院。

1. 人物画家

宫廷画院的画家描绘贵族生活的绘画作品较多，其中的代表人物如南唐画院翰林待诏周文矩，擅画人物肖像、仕女、冕服、车马。《重屏会棋图》（图 1-1-24）传为周文矩所作，画中描绘南唐中主李璟与其兄弟下棋，因背景的屏风中又画一屏风，故名重屏。

图 1-1-24　《重屏会棋图》南唐 周文矩（传）

顾闳中与周文矩同时代，同为南唐画院待诏。其代表作品《韩熙载夜宴图》（图 1-1-25）是南唐后主李煜担心臣下韩熙载有异心，派顾闳中至韩府，目识心记，描绘表现，向李煜汇报实情所作。

图 1-1-25　《韩熙载夜宴图》（局部）南唐 顾闳中

《韩熙载夜宴图》

2. 山水画家

五代画家在晚唐山水画的基础上创造出北方的崇山峻岭与南方的平淡秀丽两种风格。

荆浩是北方山水画风格的代表画家。《匡庐图》（图 1-1-26）传为其代表作，画面表现了庐山巍峨高耸的山峰与山脚的幽居景象，画中已有笔墨皴法的创造，成为山水画中重要的技术进步。

关仝早年师法荆浩，后创“关家山水”。其作品《关山行旅图》（图 1-1-27）展现了北方僻野深山中的荒村野店，穿插着来往的旅客、飞鸟鸡犬，富有生活气息。

图 1-1-26 《匡庐图》后梁 荆浩（传）

图 1-1-27 《关山行旅图》五代 关仝

董源在南唐时任北苑副使，是江南山水画的代表人物之一。具代表作《潇湘图》（图 1-1-28）取平远之景，创“披麻皴”法描绘平地缓坡，以轻重、浓淡不一的墨点描绘山水云烟。

图 1-1-28 《潇湘图》五代 南唐 董源

图 1-1-29 《层岩丛树图》
南唐 巨然

巨然继承了董源的画法而又进行了创新，其作品《层岩丛树图》（图 1-1-29）中运用“披麻皴”的同时，又在峰顶新作如矾石的小石堆，用以表现山光岚气在林麓间浮动的感觉，此皴法被称为矾头。

3. 花鸟画家

五代时期，花鸟画有了重要发展和创造，其中富庶安定、艺术活跃的西蜀及南唐地区表现得更为突出，形成了不同流派，极大地超越了唐代的花鸟画水平。

西蜀黄筌、黄居寀父子作品讲究用色，能充分表现对象特征，强调客观真实和装饰趣味，是后世的院体及工笔重彩花鸟的前身。《写生珍禽图》（图 1-1-30）是黄筌为 3 个儿子练习而作的写生稿本，以墨笔勾画与晕染，添加少量色彩描绘了 20 多种动物，真实生动。南唐徐熙、徐崇嗣祖孙作品绘制过程中多取水墨淡彩，在表现上更加自由，技法上较随意，为后世的文人所看重，成为后世水墨写意花鸟画的先声。后人用“黄家富贵，徐熙野逸”来概括两家的特点。北宋人所绘《雪竹图》（图 1-1-31）通幅染以淡墨，衬出白雪，画法灵秀多变，被当作徐熙嫡派进行研究。

图 1-1-30 《写生珍禽图》五代 黄筌

图 1-1-31 《雪竹图》
五代 徐熙嫡派

（二）两宋绘画

宋代画家为了适应宫廷贵族、官僚、商贾和新兴市民阶层玩赏的需要，充分吸收唐代、五代绘画艺术的营养，留下了极其宝贵的艺术遗产。

1. 人物画家

两宋时期的人物画除继承自唐始以吴道子的“吴家样”为主流的宗教人物外，还出现了两个对后世影响深远的发展方向：一是北宋文人画家李公麟的白描技法；二是南宋画院画家梁楷的简笔人物画。

朝元仙仗图

武宗元是北宋重要的释道人物画家。其代表作《朝元仙仗图》（图 1-1-32）是道教壁画的粉本，画的是两位道教帝君率诸仙朝谒元始天尊的仗列，人物众多，各有神采。

图 1-1-32　《朝元仙仗图》（局部）北宋 武宗元

李公麟在吴道子白描画基础上发展创造出单以墨线来描绘对象的白描画法。他的作品《五马图》（图 1-1-33）就是以白描手法描绘了五匹骏马，简洁生动。

五马图

图 1-1-33　《五马图》北宋 李公麟

宋代人物画还出现了反映城市生活的风俗画，其中张择端的《清明上河图》（图 1-1-34）代表了宋代风俗画的最高水平。画卷的结构大体可分为三个段落：开首为郊区农村风光；中段是以虹桥为中心的汴河两岸交通运输、手工业和商业区；后段为城门内外街道。《清明上河图》具有很高的艺术和历史文献价值。

图 1-1-34 《清明上河图》北宋 张择端

苏汉臣擅画佛道、仕女，师法张萱、周昉、周文矩等，尤精婴戏与货郎图。他的作品《秋庭婴戏图》（图 1-1-35）描绘了庭园中，在一柱擎天的太湖石旁，芙蓉与雏菊摇曳生姿，点出秋日庭园景致，对两个孩子的头发、眉目、衣饰、树石、器物等都进行了精心刻画，写实的程度可以用栩栩如生来形容。

图 1-1-35 《秋庭婴戏图》北宋 苏汉臣

2. 山水画家

宋代是山水画发展的黄金时代，山水画风格在此时出现过两次大的转变，分别是北宋李成、范宽为一变，南宋李唐、刘松年、马远、夏圭为一变。

李成，擅画山水，师承荆浩、关仝，后师造化，自成一家，创造出画寒林的“蟹爪”，画山石如卷动的云，后人称为“卷云皴”。他对北宋山水画的发展有着重大的影响。其传世作品有《寒鸦图》（图 1-1-36）。

图 1-1-36 《寒鸦图》北宋 李成

范宽，初学荆浩、关仝及李成，后师法自然，深入自然山川，在皴山画树上都有所创造，成功地画出了岩石的质感，其皴法被后人称为“雨点皴”或“豆瓣皴”。其作品《溪山行旅图》

（图 1-1-37）可称作古代山水画中的典范。

郭熙擅画山水，师法李成，自创“云头皴”以强调光影变化。其作品《早春图》（图 1-1-38）章法严谨，生动自然，兼具高远、深远、平远之景，层次分明，画中虽无桃红柳绿的点缀，却已鲜明地传达出春临大地的信息。

图 1-1-37 《溪山行旅图》北宋 范宽

图 1-1-38 《早春图》北宋 郭熙

北宋山水除宫廷画院全景式山水这一主流外，还有极富文人审美情趣的米氏云山和小景山水。米氏云山为米芾和米友仁父子所创，两人运用书法上的笔法特点，创造出以墨点来表现江南云山的技法，并称其为“墨戏”。现存米友仁的《潇湘奇观图》（图 1-1-39）为米氏云山的代表作。

图 1-1-39 《潇湘奇观图》北宋 米友仁

唐代兴起的青绿山水在宋代仍有创作，如北宋王希孟的《千里江山图》（图 1-1-40），与唐人仅勾填青绿的画法相比，其在技法上有了很大的进步，为青绿山水的千古杰作。

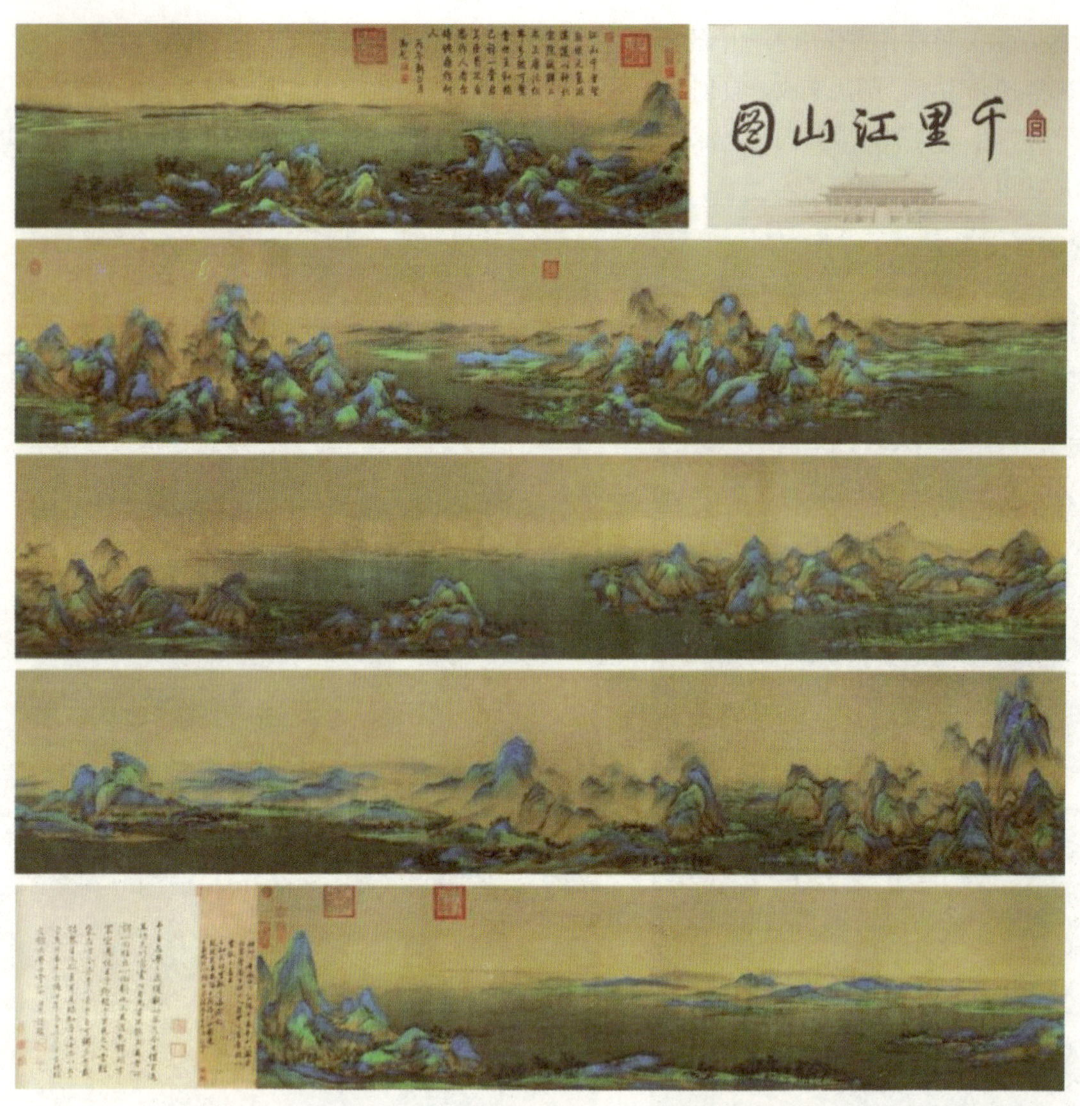

图 1-1-40 《千里江山图》北宋 王希孟

南宋时山水画的代表人物合称“南宋四家”，有李唐、刘松年、马远、夏圭。

李唐原是北宋徽宗画院的画师，南渡后被荐入宫中，任画院待诏。他将北宋山水程式简化，代表作有《万壑松风图》（图 1-1-41），以阔放的斧劈皴来表现山石与树干的结构和质感。

刘松年所作的山水画多表现江南一带风景，特别是西湖园林的优美景色，穿插以文人贵族的闲适生活，以适应那一时代上层社会的审美情趣。他的《四景山水图》（图 1-1-42）分别描绘了杭州地区春、夏、秋、冬四季所呈现出来的优美景色，正是这种理念的展现。

马远出身绘画世家，是著名“佛像马家”的后代，秉承家学，在山水、人物、花鸟绘画方面都具有很高水

图 1-1-41 《万壑松风图》北宋 李唐

平。其山水画继承并发展了李唐的画风，尤善于大胆取舍，画面上留大幅空白以表现空间及诗意，只绘山之一角、水之一涯等局部，却能收到气象万千的艺术效果，世称“马一角”。《踏歌图》（图 1–1–43）是其大幅山水的代表作。

图 1–1–42　《四景山水图》南宋 刘松年

图 1–1–43 《踏歌图》南宋 马远

夏圭的画风与马远同属一派，因两人作画常绘边角之景，所以有“马一角”“夏半边”之称。他的《溪山清远图》（图 1–1–44）表现了明媚的山光水色，展现出一片平凡而清丽动人的景象。

图 1–1–44　《溪山清远图》南宋 夏圭

3. 花鸟画家

图 1-1-45　《双喜图》北宋 崔白

两宋花鸟画成就巨大。北宋初期，画院中西蜀画家的影响较大，因此“黄家富贵”的花鸟画风格在画院中仍处于主流地位。与宫廷画院形成强烈对比的文人名士则偏重对墨竹、墨梅等题材的绘画创作，代表人物有苏轼、文同、米芾、米友仁、赵孟坚等人。

崔白糅合徐黄二体，开创了一种新画风，善于表现在不同季节和自然环境中花鸟的运动。如《双喜图》（图 1-1-45）中，描绘了在肃杀秋风中，飞鸣的山鹊和被惊扰的野兔。叶落草枯、树枝摇曳，充分表现出秋野荒郊的萧索气氛，体现了画家对自然景色的独特审美情怀。

宋徽宗赵佶能诗善文，书法学薛稷创“瘦金体”；尤精绘画，对花鸟画更为擅长，其作品《瑞鹤图》（图 1-1-46）描绘飞翔于宫廷端门上空的鹤群，《五色鹦鹉图》（图 1-1-47）描绘豢养在御苑中的鹦鹉，均以工致的笔墨和艳丽的色彩画出。

图 1-1-46　《瑞鹤图》北宋 赵佶

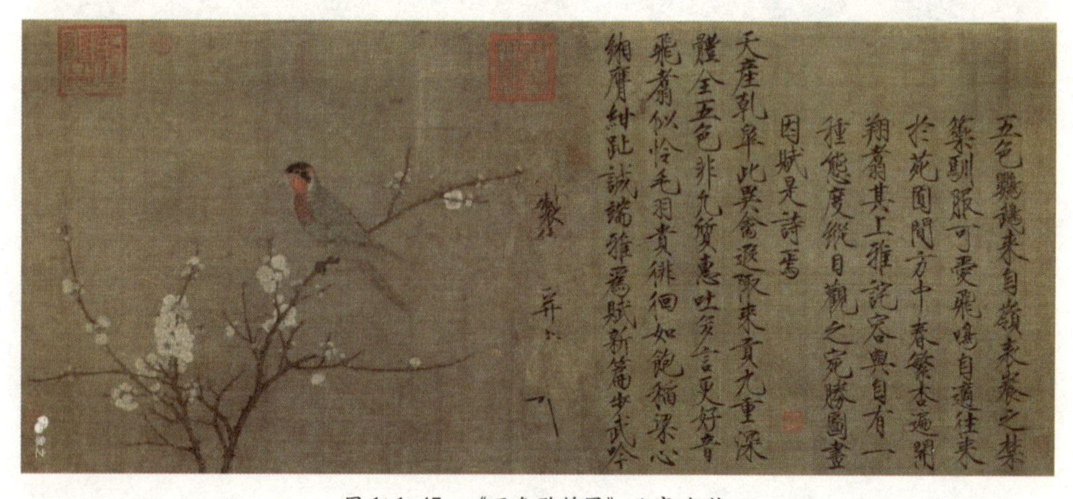

图 1-1-47　《五色鹦鹉图》北宋 赵佶

文同十分强调“意在笔先”“胸有成竹”，主张深刻理解和把握对象之后再大胆落笔，一挥而就。他的《墨竹图》（图 1-1-48）画一梢倒垂的老竹，枝干劲峭，叶多变化，折旋向背，各具姿态，在弯曲中欲伸展的状态，显示出尘的性格。

赵孟坚作画多用水墨，用笔流畅，淡墨微染，风格秀雅，很受文人推崇。墨梅的画法师承扬补之，画白描水仙最为人称誉。其传世作品有《岁寒三友图》《水仙图》（图 1-1-49）等。

法常擅画水墨写意花鸟。画面背景不着笔墨，留有大片空白，这种“知白守黑”“计白当黑”的处理，使画面中本不相关联的事物既相对独立又可合而为一，似乎深蕴着禅机。整幅作品充满宁静、淡薄的内在精神。《水墨写生图卷》（图 1-1-50）是法常的代表作。

图 1-1-48 《墨竹图》北宋 文同

图 1-1-49 《水仙图》南宋 赵孟坚

图 1-1-50 《水墨写生图卷》南宋 法常

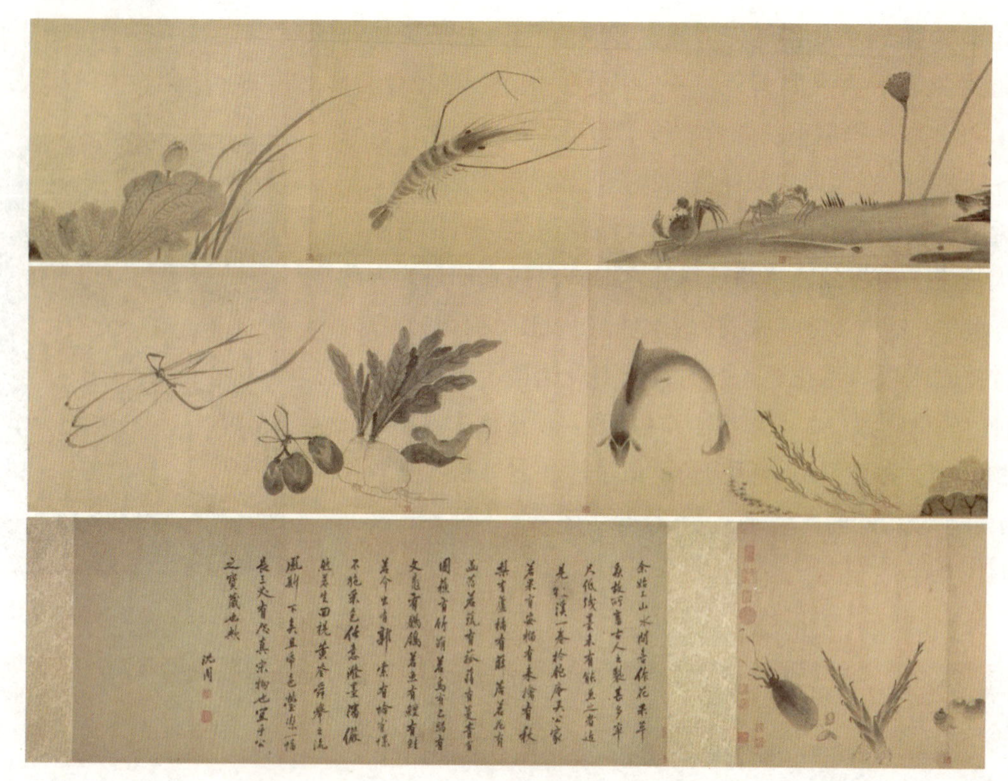

图 1-1-50 《水墨写生图卷》南宋 法常（续）

七、元代绘画

元朝结束了唐末以来形成的几个政权并立的局面，在以后 90 多年中，元王朝逐渐接受先进的汉族政治制度和文化传统，再现了“野蛮的征服者总是被较高的文明所征服”的现象。

（一）以赵孟頫为中心的元代前期绘画

元代初期的画家主要分为遗民画家和士大夫画家两个群体。遗民画家又分为绝不兼容异族文化的极端派与默认文化融合的温和派两大类型。极端派的代表画家有福建连江人郑思肖，其传世作品有《墨兰图》（图 1-1-51），画中水墨画兰无根无土，寓意故国山河土地已沦丧于异族，无从扎根。

图 1-1-51 《墨兰图》元代 郑思肖

元朝为巩固政权，搜罗南方有影响和才学的士大夫，赵孟頫被荐入京授官，经历五朝，官至翰林学士承旨。他对新旧画风的交替起了决定性的作用，被认为是元代新画风的重要开启者。他的《秀石疏林图》（图 1-1-52）用干湿不同的墨画成，将几种书法的笔趣注入其中，以飞白法画石的纹理结构，以篆法画树干，形神具足，是他自己“书画用笔同法”主张的具体体现。

图 1-1-52 《秀石疏林图》元 赵孟頫

（二）人物画

元代的人物画比起山水、花鸟画来已转入低谷，从事者多为宫廷职业画家，甚至民间画工。元代的人物画主要有肖像画、历史人物画和宗教画。

王绎是元末江南著名的肖像画家，传世作品有其与倪瓒合作的《杨竹西小像图》（图 1-1-53），由王绎执笔画人物，倪瓒补景，现藏于北京故宫博物院。

图 1-1-53 《杨竹西小像图》元 王绎

此时的宗教绘画以寺观与石窟中的壁画为主，较为重要的有山西永乐宫、稷山兴化寺、敦煌元代石窟等。永乐宫主殿三清殿殿墙四壁有壁画《朝元图》（图 1-1-54），描绘诸神朝拜元始天尊的故事，人物线条让人不禁联想到吴道子和武宗元的画稿。

（三）元四家与山水画

元四家分别是黄公望、吴镇、倪瓒、王蒙。这四家均是江浙地区的文人，擅画山水，兼工竹石，又将书法诗文与画作相结合，成为元代中后期山水画的主流，对后世产生重大影响。

图 1-1-54 《朝元图》元代 永乐宫壁画（局部）

黄公望擅画山水，师法董源、巨然，又得到赵孟頫指导，笔力老道，简淡深厚，于水墨之上微施赭石，世称“浅绛山水”。其作品《富春山居图》（图 1-1-55 ）前段《剩山图》现藏浙江省博物馆，后段《无用师卷》现藏台北故宫博物院。

吴镇擅画山水、墨竹，喜作象征文人士大夫遁世避俗的理想化生活方式的渔父、渔隐图，画一扁舟载一渔父悠然逍遥于云水之间，充满野逸清旷之趣。其传世作品有《渔父图》（图 1-1-56）、《双桧平远图》《秋江渔隐图》《溪山高隐图》等。

图 1-1-55 《富春山居图》元 黄公望

图 1-1-56 《渔父图》元 吴镇

倪瓒师法董源、赵孟頫，擅画山水、墨竹，以简洁的干笔淡墨营造清疏旷逸之景。他的作品大都作三段式构图，大片湖水占据主要画幅，近处画斜坡和疏林杂树，远山一抹置于画幅的最上端，意境空阔萧索，令人尘虑顿释，不觉进入一片“冰心玉壶”的世界。《容膝斋图》（图 1-1-57）是他的传世作品之一。

王蒙是赵孟頫的外孙，工诗文书法，擅画山水，在元代山水大家中，他是唯一以繁密取胜的人，最大特色是善于表现江南的湿润之感，充满了对大自然的深厚情感。在其作品《青卞隐居图》（图 1-1-58）中，他采取立幅全景式构图，层峦叠嶂，草木葱茏，山腰处露出庄院，厅堂中有高士怡然闲坐，景色清幽恬静，颇能表现隐居的情致。

图 1-1-57　《容膝斋图》元 倪瓒

图 1-1-58　《青卞隐居图》元 王蒙

（四）花鸟画

元代花鸟画的主流是向文人画情趣发展，主要表现在宋代院体花鸟的衰落与水墨写意花鸟的兴起，代表人物有王渊、王冕等。

王渊的花鸟画先学黄筌工笔重彩的画法，但此类作品流传较少，传世的多以墨色渲染、浓淡有致的水墨花鸟竹石为题材。他的作品《桃竹锦鸡图》（图 1-1-59）将工整双勾的线条和细腻的水墨渲染合为一体，兼工带写，水墨层次变化丰富，颇有透明感。他的花鸟画大都置于自然山水环境中，境界比较开阔。

王冕是元朝著名诗人、画家，擅画墨梅。王冕画梅不同于一般花朵稀疏、强调枝干的画法，而是繁花满缀枝头却又简练洒脱，别具一格。故宫博物院藏有其小幅《墨梅图》（图 1-1-60）。画卷上有题诗："吾家洗砚池头树，朵朵花开淡墨痕。不要人夸好颜色，只留清气满乾坤。"

图 1-1-59 《桃竹锦鸡图》元 王渊

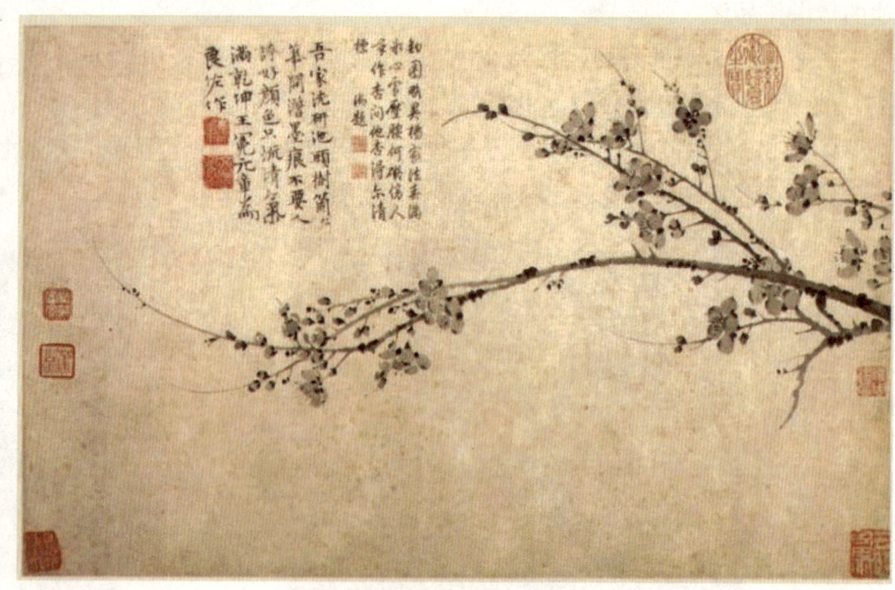

图 1-1-60 《墨梅图》元 王冕

八、明代绘画

明代绘画沿着宋、元传统轨迹演变发展，出现了一些以地区为中心的绘画流派。明代早期设立了类似画院的机构，宫廷绘画进入鼎盛时期，形成了明代"院体"的时代特色。以戴进和吴伟为代表的"浙派"主要活跃于这个时期。明代中期以后"吴门"画家异军突起，取代"浙派"成为明中叶画坛的主力军。明代后期，以董其昌为代表的松江画派将文人画创作推向高峰，对明末的画坛影响巨大。

（一）宫廷绘画

边景昭擅画花卉翎毛，师法黄筌，画风工细精微又富装饰性，既承继宫廷花鸟画的传统特色，又掺入了平民化的品位，自成一派。在取材、立意、构图、笔墨、格调等方面都有独到之处，被称为明代花鸟画的鼻祖。他的《三友百禽图》（图 1-1-61）生动描绘了百只姿态各异的禽鸟齐聚于松干、双竹、梅枝、坡石之间的场景，象征百官朝拜天子之意。

林良的花鸟画取材广泛，特别见长于画鹰，构图气魄宏大，用笔刚健奔放，是明代写意花鸟派的先驱。此后的画家如徐渭、陈淳，直到清代的李鱓及后来的岭南画派，都受到林良的影响。其作品《双鹰图》（图 1-1-62）中的双鹰立于古松怪石之上，姿态娴静而仍不失威猛气势，以丰腴的粗笔水墨，表现出雄鹰羽毛的真实感。

吕纪以花鸟画著称，兼作山水人物，初学边景昭，后模仿唐宋诸家，并自成风貌，工写相间，独步当代。其代表作品《桂菊山禽图》（图 1-1-63）花鸟勾勒精致，色彩富丽华贵，是工笔设色花鸟画的代表作。

图 1-1-61 《三友百禽图》明 边景昭

图 1-1-62 《双鹰图》明 林良

图 1-1-63 《桂菊山禽图》明 吕纪

（二）浙派

“浙派”是指在明代前、中期，由戴进、吴伟创立形成的一个中国画流派。

戴进自幼受家学熏陶，技巧全面，基础扎实，人物、山水、花鸟无所不能，晚年得到世人的推崇，在明代早期画坛有很大的影响，被视为浙派的开创者。他的作品《风雨归舟图》（图 1-1-64）采用宋元以来的传统题材，成功地将简淡设色与苍劲淋漓的水墨技法融合一体，获得了动人的艺术效果。

吴伟擅画人物、山水、花鸟。其山水画取法戴进，但笔法更逸，追随吴伟笔法的画家被归为江夏派，实际属于浙派的分支。吴伟晚年所作的山水长卷《长江万里图》（图 1-1-65）笔墨粗放，行笔率意，展现出万里江山的磅礴气势。

图 1-1-64 《风雨归舟图》明 戴进

（三）吴门四家

明代中叶以后，院画势微，“浙派”也渐趋末流，取而代之的是活跃于苏州地区的“吴门画派”。当时的苏州经济繁荣，各种工商行业发展，直接推动了文化艺术事业的兴旺发达。因此，这一地区成为当地和四方文人聚会的最好场所。吴门画派以沈周为领袖，文徵明继起，同时，生活在苏州的唐寅和仇英也以绘画著称于时，和沈周、文徵明被称为吴门四家。

沈周被认为是“吴门四家”的开创者。他出生书香世家，山水画早年初承家学，师从杜琼、刘珏，主宗王蒙，中年偏好黄公望，晚年醉心吴镇。其山水作品根据笔法和风格的不同，可分为“细沈”和“粗沈”。《庐山高图》（图 1–1–66）是为庆祝其师陈宽七十寿辰而作的精品。

文徵明仕途不顺，10 次参与科举落榜，直到中年被举荐为翰林待诏，4 年后便乞归回乡，潜心诗文书画。文徵明的山水风格也有粗体和细体两种，尤以细笔青绿山水见长。《真赏斋图》（图 1–1–67）创作于晚年，属于文徵明典型的细笔作品。

图 1–1–66 《庐山高图》明 沈周

图 1–1–65 《长江万里图》明 吴伟

图 1–1–67 《真赏斋图》明 文徵明

唐寅山水、人物、花鸟俱佳，且师承广泛。他广泛融汇前人技法，笔墨上形成寓雄健于俊秀中的风格，尤其是山石的皴法，将斧劈皴与条子皴相结合，极有创意。在控制笔的速度、压力，墨的深浅、干湿，以及线与线的错综关系、气脉的贯联等方面，都表现得极其精到。唐寅的山水画作品有《悟阳子养性图》《事茗图》（图 1–1–68）等。

图 1–1–68 《事茗图》明 唐寅

仇英早年曾做过漆工，兼为人彩绘屋宇，后师从周臣，以临摹古画、卖画为生。因为工匠出身，不善诗文，作品大多只落名款。他以画青绿山水著称，水平在沈周、文徵明之上。《桃源仙境图》（图 1-1-69）是其青绿山水精品，有南宋院体遗风。

（四）董其昌与松江画派

董其昌是明末时期松江画派的领袖，他精于鉴赏，家藏丰富，擅画山水，早年临摹唐、五代、宋元精品，师法董源、巨然、米芾、高克恭、黄公望和倪瓒等，融会贯通，形成了独特的绘画语言，其画作古雅秀润，讲究笔墨趣味，追求写意效果。《葑泾仿古图》（图 1-1-70）是他 48 岁时完成的一幅杰作。董其昌最突出的贡献是在自身实践及总结前人理论的基础之上提出了山水南北宗论，并在《画禅室随笔》中对此进行了相关论述。其中，他崇南抑北，提倡文人画的观念对明末至清代的绘画创作和理论产生了深远的影响。

（五）其他画派及画家

陈淳兼善诗文书画，尤擅写意花鸟，师承文徵明、沈周，画风属吴门一派，但是更为放逸、潇洒，题材多为士大夫园林中的常见花木，传世有《山茶花图》（图 1-1-71）、《溽暑花卉图》等。

图 1-1-69 《桃源仙境图》明 仇英

图 1-1-70 《葑泾仿古图》明 董其昌

图 1-1-71 《山茶花图》明 陈淳

徐渭在陈淳写意花鸟画的基础之上，以狂草之笔法入画，画面更加雄健豪放，笔下物象多具有一种“不似之似”。由其所创立的这种水墨大写意花鸟画对日后的朱耷、石涛、扬州八怪乃至近现代的吴昌硕、齐白石等均有深远的影响。徐渭传世的作品有《花竹图》（图 1–1–72）、《杂花图卷》《墨葡萄等》。

陈洪绶画作以人物画最为出众，笔法遒劲，设色古雅，画中多形象夸张的奇石，不似常人。其代表作有《升庵簪花图》（图 1–1–73），画中人物造型夸张而不失生动，体现出陈洪绶绘画成熟时期的典型风格。

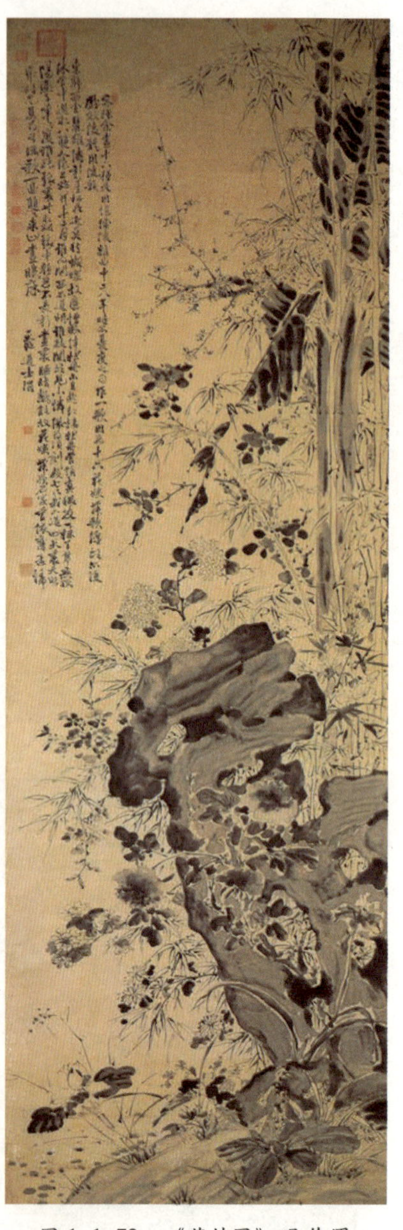

图 1–1–72 《花竹图》明 徐渭

图 1–1–73 《升庵簪花图》明 陈洪绶

九、清代绘画

清代的绘画主要可划分为初期、中期、后期三个阶段，各个阶段所对应的中心地区各不相同，但江南一带始终发挥着重要的作用。重要画派分别有“四王”所代表的正统派、“四僧”所代表的个性派、继承发挥“四僧”传统的“扬州八怪”及“海派”。

（一）清初“四王”

清初“四王”是王时敏、王鉴、王翚和王原祁，他们主张摹古，因此受到清朝统治者的重视，由此确定了清初画坛正统派的地位。

王时敏早年为董其昌看中，并亲自为之画树、石等样本供其临摹，他完全承袭了董其昌的文人画理论并在实践中加以发展，初创了山水画的“娄东派”。他特别推崇元人笔墨，又自认为渴笔皴擦得大痴神韵，但多数大同小异，意在董巨及黄公望之间，《虞山惜别图》（图 1-1-74）是其代表作之一。

王鉴与王时敏同籍贯，早年也曾得到过董其昌的亲授，他一生的画业就是沿着董其昌注重摹古的方向发展，继续揣摩董源、巨然、吴镇、黄公望等诸多前辈大家的笔意，画的坡石取法黄公望，点苔学吴镇，用墨学倪瓒，尤其是他的青绿设色山水画，缜密秀润、妩媚明朗，综合了沈周、文徵明清润明洁的画风，清雅的书卷气跃然纸上，历来为后人所称道。他的代表作有《长松仙馆图》（图 1-1-75）、《仿巨然山水》《仿王蒙秋山图》《远山岗峦图》等。

图 1-1-74　《虞山惜别图》清 王时敏

图 1-1-75　《长松仙馆图》清 王鉴

王翚初为以仿古为生的职业画家，后师从王时敏、王鉴，博采前代各家各派传统，创立了苍茫浑厚、气势勃发的山水画风格。《溪山红树图》（图 1–1–76）是王翚仿王蒙所作的一幅极具特色的代表作。

王原祁是王时敏的孙子，他擅画山水，继承家法，学元四家，模仿黄公望的笔墨韵致，用干笔皴擦，浅绛设色，画面缺乏实景。在章法方面，王原祁非常重视“龙脉开合起伏”的原理，以小石堆砌山丘，近、中、远景分出起伏，即“小块积成大块”。其传世作品有《仿黄公望设色山水图》（图 1–1–77）、《桃源春昼图》等。

图 1–1–76 《溪山红树图》清 王翚

图 1–1–77 《仿黄公望设色山水图》清 王原祁

（二）清初“四僧”

清初“四僧”是指朱耷（八大山人）、原济（石涛）、髡残（石溪）、渐江（弘仁），因四人皆为僧侣，所以称为“四僧”。前两人是明室后裔，后两人是明代遗民，四人均有强烈的反清意识，其绘画也常带有抒发个人身世之感或寄托亡国之痛的感情色彩，与正统派之画风大异其趣。

朱耷是明朝皇族宁王的后裔。他自号八大山人，在签名时将四字连写，很像“哭之”或“笑之”，流露出难以言状的复杂感情，他的诗与画也正是这种思想的反映。其所作怪鸟及鱼，多白眼看天，以表现画家不妥协的气质，如《鱼》（图 1–1–78）。

石涛与朱耷的癫狂和外露不同，石涛是以比较隐晦的方式来表现与清廷的对立。他以丰富的想象力、旺盛的创作热情、新颖而多变的构图、宏深的意境、纵恣的笔墨，创作了许多风格鲜明的佳作，与当时的“八股山水”形成鲜明对比。他同时也擅画花果、兰竹及人物。他的传世作品有很多，如《金山龙游寺图册》（图 1-1-79）、《清湘书画稿卷》等。石涛除艺术实践外，还写成了一部《苦瓜和尚画语录》，结合宇宙观阐述画学思想，其精深见解具有很强的哲理性。

图 1-1-78 《鱼》清 朱耷

图 1-1-79 金山龙游寺图册（部分）清 石涛

弘仁擅画山水，初取法宋元，曾师萧云从、倪瓒，尤好以黄山松石为画题，并将这样的山水实景升华为超脱于现实世界的理想境界，笔墨清简洗练，意趣高洁俊雅、空灵松秀。《黄海松石图》（图 1-1-80）是其代表作。

（三）“扬州八怪”

“扬州八怪”是清代中期代表扬州画坛新风书画家的总称，有金农、郑燮、黄慎、罗聘、李鱓、高翔、李方膺、汪士慎。

金农修养广博，工诗文、精鉴别、创“漆书”，50 岁以后学画，擅用淡墨干笔作花卉小品，尤工画梅。其《红绿梅花图》（图 1-1-81）全幅以大笔淡墨画干，淡墨点苔、铅白点染花瓣，枝多花繁、清丽秀逸。

郑燮，号板桥，被称为诗书画“三绝”，尤擅画墨竹。他既是“扬州八怪”中的重要人物，又是清代较有代表性的文人画家。其作品《兰竹石图》（图 1-1-82）以石为脉，其上兰竹疏密得当，用笔劲健，墨笔浓淡相宜，意趣自然天成，清高拔俗。

黄慎，福建宁化人，博学多才，在绘画方面擅长人物写意、花鸟、山水等，而且善于将狂草笔法入画，变为粗笔写意，风格独特。其人物画形象覆盖全面，不仅是描写达官贵人阶层，还有一些樵夫渔翁、流民乞丐等平民生活的描绘，给清代人物画注入了新的力量，代表作有《果老仙姑图》（图 1-1-83）等。

图 1-1-80　《黄海松石图》清 弘仁

图 1-1-81　《红绿梅花图》清 金农

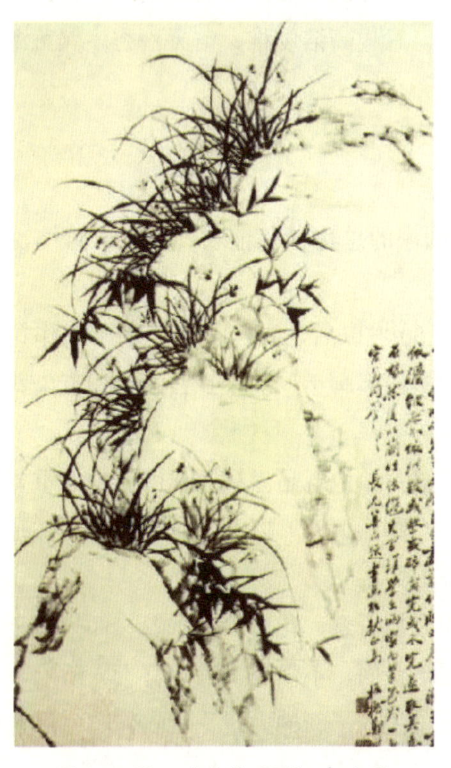

图 1-1-82　《兰竹石图》清 郑燮

图 1-1-83　《果老仙姑图》清 黄慎

罗聘，祖籍安徽歙县，与金农是师徒关系。其擅画人物、佛像、山水、花果、梅、兰、竹等，尤其他的《鬼趣图》（图 1-1-84），描写了形形色色的丑恶鬼态，借以讽刺当时社会的丑陋病态的现象。

图 1-1-84 《鬼趣图》清 罗聘

李鱓，江苏兴化人，早年为官，不得志后以卖画为生，绘画方面深受石涛的启发，形成了洒脱如意的独特风格，还喜欢长文题跋，字迹参差错落，十分别致。其作品《忠孝图》如图 1-1-85 所示。

图 1-1-85 《忠孝图》清 李鱓

高翔，江苏扬州人。高翔善画山水花卉，同时也精于写真、刻印和诗文。金农、汪士慎诗集开首印的小像，即出自高翔之手。其作品《雪后寻梅图》如图 1-1-86 所示。

图 1-1-86 《雪后寻梅图》清 高翔

李方膺，中国清代诗画家，通州（今江苏南通）人，出身官宦之家，工诗文书画，擅梅、兰、竹、菊、松、鱼等，注重师法传统和师法造化，能自成一格，其画笔法苍劲老厚，剪裁简洁，不拘形似，活泼生动，常往来扬州卖画。其作品《兰石图》如图 1-1-87 所示。

图 1-1-87　《兰石图》清 李方膺

汪士慎，原籍安徽歙县，居扬州以卖画为生，工花卉，随意点笔，清妙多姿。汪士慎尤擅画梅，常到扬州城外梅花岭赏梅、写梅，所作梅花，以密蕊繁枝见称，清淡秀雅。其作品《梅花图》如图 1-1-88 所示。

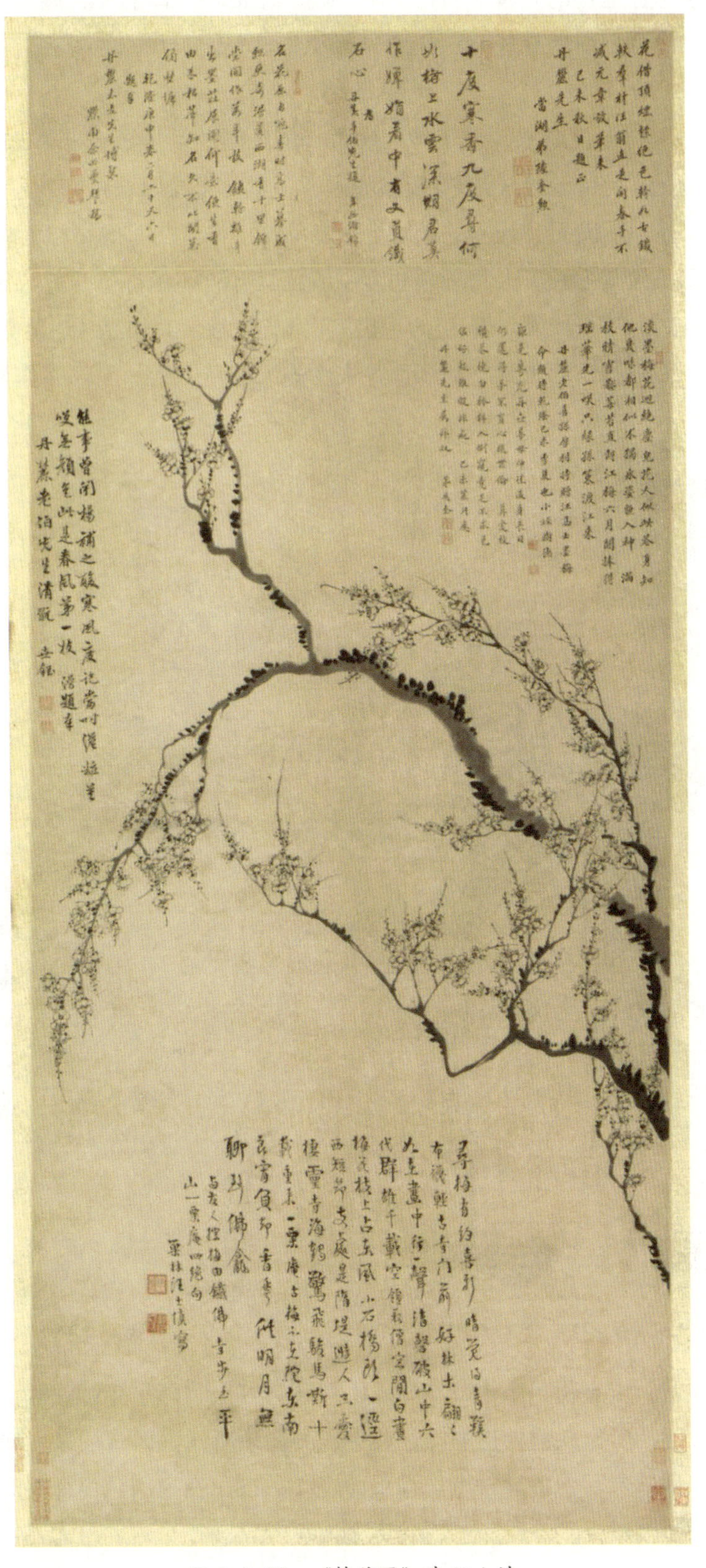

图 1-1-88 《梅花图》清 汪士慎

（四）“海派”诸家

19 世纪之后，江南一带出现了金石书画家，“京江派”和改琦等人，为上海诸多画派的形成准备了条件，其中居于主流地位的是善于将诗、书、画、印集于一体的文人画传统与民间美术传统相结合的“海派”。“海派”前期有任熊、任薰兄弟及其学生任颐并称的“海上三任”，晚期则以吴昌硕为高。

任熊花鸟鱼虫、人物走兽俱擅，尤工神仙佛道，笔法圆劲，形象夸张。如图 1-1-89 所示，此《自画像》构图顶天立地，衣纹处理转折方硬，如顽石一般，上身肌肤袒露，刚健如武士豪侠一般；画中人物神情冷峻，显出不满而又苦闷的矛盾心理，反映了作者当时的精神面貌。

任薰自幼跟从兄长任熊学画，人物画师法陈洪绶及其兄，伟岸奇躯、匠心别出，也擅画山水、花卉、禽鸟，工写兼能，结构严谨，着色浓淡相宜，富有情趣。其作品《瑶池霓裳图》（图 1-1-90）描绘了众仙女手捧各种乐器、仙乐飘飘的场面，人物先天婉转回旋，面部略作晕染，灵动飘逸，仙气逼人。

图 1-1-89 《自画像》清 任熊

图 1-1-90 《瑶池霓裳图》清 任薰

任颐绘画题材丰富，于人物、山水、花鸟无不擅长。其人物画早年师法陈洪绶、任熊等，晚年学华喦笔意，简易灵活，所作人物神形毕露，其中以吴昌硕所作画像《酸寒尉像》（图 1-1-91）最为精彩。人物面部以淡笔勾写，稍加皴擦，神采即现，马褂、长袍用色墨即兴而作，色中见笔，浓淡得宜。

吴昌硕集诗、书、画、印于一身，早期得任颐指点，后参照赵之谦的画法，博采徐渭、八大山人、“扬州八怪”诸家所长，兼以书法诸体笔法入画，画作笔、墨、彩、款、印之疏密轻重，配合得宜。其作品《三千年结实之桃》（图 1-1-92）中桃枝笔墨老辣，桃子以红、黄色点染，颇为亮丽，表现了桃子康寿的象征意义。

图 1-1-91 《酸寒尉像》清 任颐

图 1-1-92 《三千年结实之桃》清 吴昌硕

任务　中国画赏析方法

技法讲解

中国画是中华民族独特的艺术，与其他绘画艺术有不同的特点，它是用毛笔蘸水、墨、彩作画于绢或纸上。我们在欣赏中国画之前，必须先了解中国画的分类（表 1-1-1）。

表 1-1-1　中国画分类

分类标准	内容
主题	人物、山水、花鸟
技法形式	工笔、写意、勾勒、设色、水墨
设色	金碧、大小青绿，没骨、泼彩、淡彩、浅绛
表现手法	主要运用线条和墨色的变化，以勾、皴、点、染，浓、淡、干、湿，阴、阳、向、背，虚、实、疏、密和留白等手法为主，来描绘物象与经营位置；取景布局，视野宽广，不拘泥于焦点透视
画幅形式	壁画、屏幛、卷轴、册页、扇面

中国画欣赏方法步骤如下。

一、表面认知

我们所欣赏作品画的主题是什么？基本技法是什么？用了哪些表现方法？画幅的形式是什么？这些都是对一幅作品的基本判断。

二、作品背景认知

在有了基本的表面认知后，我们要了解作品的创作者、其所在的年代背景及作品的创作背景，这样才会站在比较客观的、历史的角度去赏析。譬如《女史箴图》是东晋顾恺之根据张华的《女史箴》画的一卷插图性画卷，因此，就必须对《女史箴》的文章内容，对魏晋南北朝时期的政治、文化、艺术局势有所了解，将欣赏置身于应有的历史中去，对作者的艺术风格进行全面的认知。

三、艺术特色赏析

1. 布局

布局（也称构图）是作画的战略，是一幅画在表现上最关键的部分。假如左边画一块巨石，右边画一只小鸟，加些小草，在下面题上几个字，盖上印，画是完成了，即使笔墨精妙，颇有意境，可若布局不当，使画面失去平衡，让鉴赏者难受，就不算是一幅成功的国画。大师潘天寿的画极重意境，一山一石、一虫一鸟无不展现着万物的生机与自然界的诗意。他的画多险、多奇、多重，通过各种物象，在激烈的冲突中一一化解，最后画面归于平衡与和谐。他的大画雄伟奇逸，常常带给鉴赏者震撼般的审美感受。一幅画有没有在构图上给人带来视觉上的冲击力是考验一幅画作好坏的重要标准。①

2. 造型与线条

“以形写神、形神兼备”是传统国画艺术的基本造型法则，更是绘画理论与实践的基本追求。造型过于失当，人不像人、山不像山、树不像树，即使布局好、线条好，仍不入妙品。造型要不失情理，线条要自然生动。但是，自然生动的线条有各种风格，有的秀美、有的苍老、有的古朴、有的厚重、有的飘逸，这些线条通过表现不同的物象，会产生不同的审美感受。在这些线条中，都要具书法美感。概括性地说，吴昌硕的线条古拙，齐白石的线条苍老，潘天寿的线条凝重，范曾的线条俊逸。没有书法功力的国画作者，线条常常软弱、油滑、稚嫩，会使线条所表现的物象内涵大为贫乏。

3. 用色

当我们拿到一幅画时，最先看到的是整幅画的色彩基调。这时可以考虑整个色彩搭配是否合理、是否给人带来了美的感受，这是第一眼的感觉，也是最浅层次的一种感受。

4. 用墨

中国画讲究墨分五色：焦、浓、重、淡、清。焦墨画只宜于写生的便利，作为山水素材收集是可行的，但任何人的焦墨山水都不可能成为国画的上品。作为完整的国画，焦墨画在神韵上大打折扣，如张仃的焦墨山水画，让人感到口渴。齐白石的小品花鸟写意画意趣绵长，他极精于用墨、用水与用色，他手中的毛笔在生宣上变化无穷，让鉴赏者数十年后仍感觉到画面的湿润。

拓展学习

中国古代画家故事精选

任务实训

■ 任务内容

传世名画赏析。

■ 任务目标

掌握赏析的方法步骤及赏析的重点内容，体会中华民族自古以来所具有的开放胸怀、创造精神和文化自信。

■ 任务成果

选择一幅中国画进行赏析，写出不少于 400 字的赏析文章提交于本书附录实训任务单 1。

① 杨普义，文化学者，中国书法家协会会员，著名书画收藏鉴赏家、书法理论家。

单元二　中国画工具材料及运用

一、笔

笔有硬毫、软毫及介乎两者之间的兼毫三大类（图 1-2-1）。

1. 硬毫

硬毫主要用狼毫制成，也有用獾、貂、鼠的毛或猪鬃做的笔，性刚，劲健。硬毫笔常用的有小红毛、衣纹笔 、叶筋笔、书画笔（大、中、小）、兰竹（大、中、小），以及大的狼毫提笔等。

2. 软毫

软毫主要用羊毫制成，也有用鸟类羽毛制造的，性质柔软，有大小、长短各种型号。

3. 兼毫

兼毫是用羊毫与狼毫相配或羊毫与兔毫相配制成，性质在刚柔之间，属中性。如大、中、小号的白云笔，七紫三羊、五紫五羊等都是常用的兼毫笔。

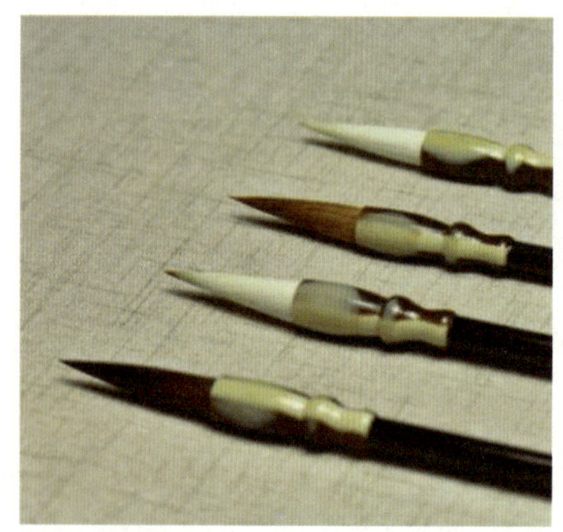

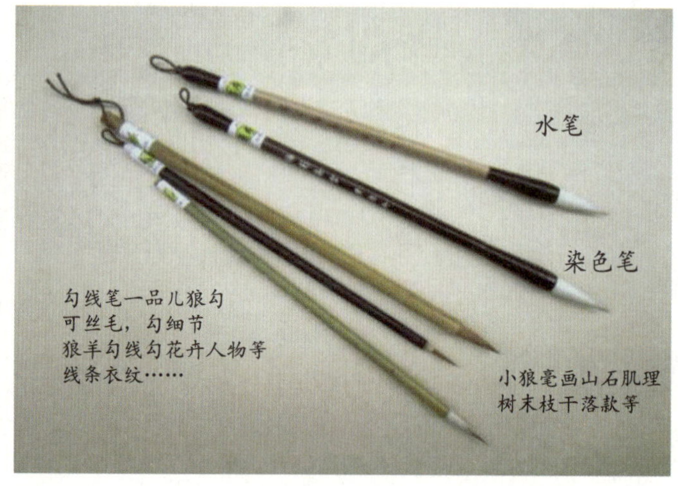

图 1-2-1　各种毛笔

二、墨

中国墨有许多种类，有矿物墨、植物墨、动物墨及化学墨。这些墨又可分为天然墨和人工墨。在近代则多用油烟墨、松烟墨和漆烟墨（都属于人工墨）。

1. 墨的分类

按照原材料划分，墨可分为油烟墨与松烟墨两种。作画用的是油烟墨。

（1）油烟墨。油烟墨是用桐油烧出的烟子制成的。油烟墨色有光泽，宜于作画。

（2）松烟墨。松烟墨是用松枝烧烟制成的墨。松烟墨黑而无光泽，宜于书写，作画不常用。偶然可以用松烟墨来画蝴蝶或作为墨紫色的底色。例如，画墨紫牡丹，须先用松烟墨打底子。

目前市面上的墨主要有两种形态，即墨汁和墨块。

2. 墨的使用方法

磨墨应该用清水，磨时宜重按轻推，不可太快。磨研的圈子要大一些。每次用水不可太多，多则墨浸入墨水中容易软化，如果需要多墨，可以把磨好的墨汁倒在另一个碗里存放，再加清水再磨，多磨几次 。墨锭研后一定要把墨口拭干，防止干碎。墨锭不宜暴晒或受潮，最好用纸将墨包裹一层，再涂一层蜡，既能防止断裂，又免于污手。

三、纸和绢

1. 绢

中国画古代多数用绢作画，绢是很好的作画材料。绢有生绢、熟绢之分，经过捶压之后，再上胶矾水（明胶和明矾按照一定比例配置的液体）的称为熟绢，适合作工笔画，现如今有些工笔画仍用绢。但绢的成本较高，不便于普及，现如今用绢作画的人比较少。熟宣纸的性质和绢差不多，所以现如今多用熟宣纸代替绢。

2. 宣纸

宣纸分为生宣纸和熟宣纸。生宣纸的吸水性很强，容易渗透，画出来的画墨色浓淡参差，富有变化，能充分发挥中国画的特有表现力和笔墨技法。写意画和书法常选用生宣纸。由于熟宣纸是在生宣纸上用胶矾水刷制而成，它的特性就变为不吸水、不外洇了，便于工笔画逐层上色或用水色碰染等。

四、砚

1. 砚的种类

砚石的种类很多，有石砚、陶砚、砖砚、玉砚等，其形式有方、圆、长方及随意型砚石。以广东出产的端砚和安徽出产的歙砚较有名。

2. 砚的选用

作画用砚一般选用质地细、容易下墨的就可以。现如今也常用白色陶瓷盘代替砚作画调色。

五、颜料

传统的颜料可分为矿物性颜料（图 1-2-2）、植物性颜料（图 1-2-3）两大类。

矿物性颜料是从矿石中磨炼而出的，色彩厚重、覆盖性强，常用的有石绿、石青、朱砂、朱磦、赭石、白粉等；植物性颜料透明色薄，覆盖性能弱，常用的植物性颜料有花青、藤黄、胭脂等。

图 1-2-2　蓝铜矿（矿物性颜料）

图 1-2-3　胭脂（植物性颜料）

颜料一般有三种形态，即管状颜料（图 1-2-4）、固体颜料（图 1-2-5）、粉末颜料（图 1-2-6）。不同的颜料各有特点，管状颜料携带方便、价格便宜，适合初学者；固体颜料显色好、方便，价格较高；粉末颜料显色好、使用麻烦，价高。

图 1-2-4　管状颜料

图 1-2-5　固体颜料

图 1-2-6　粉末颜料

除上述的笔、墨、砚、纸绢、颜料外，还需准备相关的用具：调色（储色）工具以白色的瓷器为好，调色或调墨应准备小碟子数个，不同的颜料应该分开储放。

1. 贮水盂

贮水盂也常称作笔洗，用来盛绘画中需要或洗笔用的清水。一般白色瓷质的贮水盂较好用。

2. 毛毡

毛毡衬在画桌上，可以防止墨渗透将画沾污，铺纸后画面也不易被笔擦坏。

3. 胶和矾

上石青、石绿、朱砂等重色时为防止颜色脱落，可用胶矾水罩上，矾有粉末状和块状，胶则有瓶装的液状鹿胶与条状或块状的牛胶、鱼胶、鹿胶等，最好备置一套杯、酒精灯，以便融胶调兑清水。

4. 乳钵

当粉状颜料粒子太粗时，需用乳钵研磨，再置于烧杯中飞漂。

5. 笔架

使用毛笔后，用清水洗干净，挂在笔架上晾干或包在竹质笔帘中，置于笔筒中也可。

6. 镇纸

与笔墨纸砚四宝相类，镇纸可称为古代文人文房中的“小五”。古代文人在书房中，常将小型的青铜器、玉器放在案头欣赏，同时用来压纸或压书，由此出现了镇纸，又称纸镇、镇尺。镇纸的作用：一是用来绘画时压纸；二是一些材质珍稀、雕工精良、设计巧妙、年代久远或有艺术大家作品的镇纸具有收藏价值。

另外，裁纸的裁刀、起稿的炭条、吸水的棉质废布（或废纸），以及钤印用的印泥、印章等皆可酌情备置。

任务　绷绢框的方法

技法讲解

中国画常用的绘画载体一般是宣纸和绢，画家在作画时常需要把宣纸裱在画板上，或者把绢绷在框子上，这样在比较平整的状态下会好操作一些。

绢框制作步骤如图 1-2-7 所示。

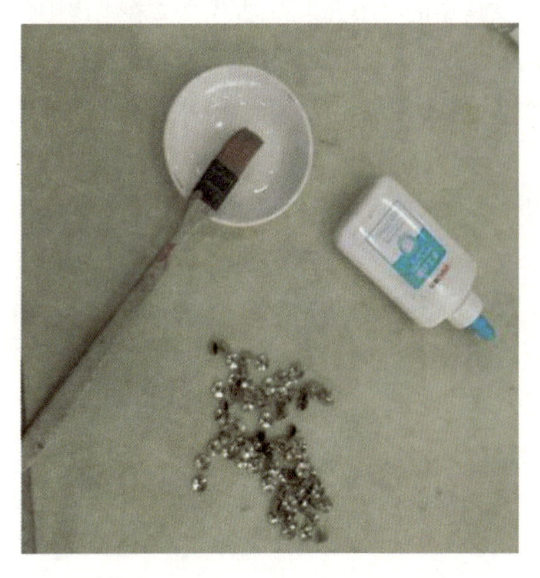

1. 准备工具：手工白胶或乳白胶、刷子、碟子、图钉

2. 白胶等比加水调和备用

3. 在框子四周刷白胶，将绢或宣纸打湿后裱于刷胶的框上

4. 用图钉固定四周，待干后即可绘制

图 1-2-7　绢框制作步骤

拓展学习

中国画装裱形式

任务实训

■ 任务内容

绷一个绢框。

■ 任务目标

掌握装裱的基本技法。

■ 任务成果

绷一张不小于 30 厘米 ×30 厘米的绢框，并拍照打印出来，然后将其附在本书工作页式任务工单中的实训任务单 2。

模块小结

请结合模块学习思考总结以下问题：

1. 本模块学习的主要内容有哪些？
2. 任务中遇到了怎样的问题？采取的解决措施有哪些？
3. 分析本模块的内容与中小学美术及社会美术教育等岗位工作结合情况。
4. 继续学习的方向及措施是什么？

模块二　花鸟画

知识目标 《

掌握工笔白描、工笔设色、写意花鸟画绘画理论。

技能目标 《

学习和分析画家笔、墨、色的各种技法，通过大量的临摹及创作，体会并逐渐掌握花鸟画的用笔、用墨、用色技法；能独立完成花鸟画创作。

素质目标 《

通过对传统中国花鸟画的学习，体会中国画的笔墨精神、人文内涵，以及花鸟画中借花明志、借物喻人、借画育人的精神追求。

单元一　白描技法

白描是一种中国画技法名称，是中国画中采用单纯线条来表现对象，以线造型的一种技法，是人类最早掌握的绘画方法，在原始社会的洞穴壁画中就已经出现。战国时期的帛画《人物龙凤图》（图 2–1–1）中白描的畜兽形象表明当时的画家已经能够熟练地运用不同粗细、轻重的线条来表现对象。

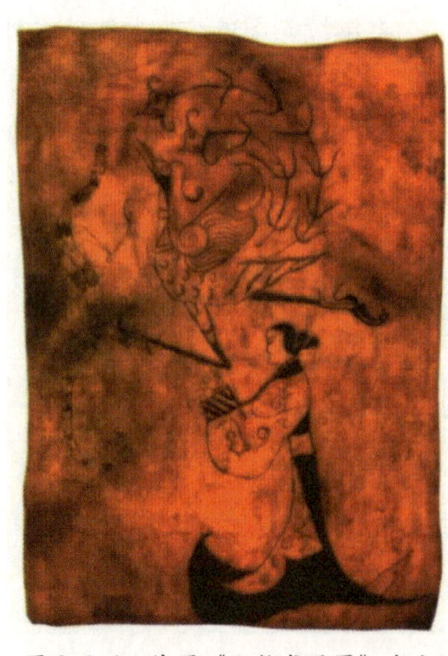

图 2–1–1　战国《人物龙凤图》出土于长沙东南近郊陈家大山战国楚墓中

白描技法是学习中国传统绘画的基础学科，在花鸟画中，由于没骨技法的发展，相对于人物画，对白描技法要求不是特别高，但也将白描技法作为十分重要的基本技法。白描技法要求在作画时笔墨要与物体形象结合，用笔时的转折、顿挫，线条的粗细，墨色的浓淡都要以表现对象的质感或特色为宗旨，如画娇嫩柔软的荷花花瓣时用线细而墨色较淡，画硬、厚的老叶粗枝时用较粗、较浓的线条比较容易表现；画鸟羽时以干笔飞白、收笔皆虚的细线条，来表现羽毛的蓬松和柔软。

白描技法按照勾勒次数分为单勾和复勾两种。用线一次画成的称为单勾，单勾又分为一色单勾和浓淡单勾，用同一墨色的线勾描整幅画称为一色单勾，用浓淡不同墨色勾描整幅画的，如用淡墨勾花、浓墨勾叶，称为浓淡单勾。复勾是先用淡墨勾好一遍，再以浓墨对局部或全部进行勾勒，多用以加强所描绘物象的精神和质感。

白描技法在学习时，主要采用临摹和写生两种方式。在我国漫长的艺术发展进程中，众多画家和民间艺人通过不断探索、实践，创造出了一系列白描的固定技法和程式，如“十八描”，即高古游丝描、铁线描、琴弦描、蚂蝗描、行云流水描、钉头鼠尾描、橛头钉描、混描、曹衣描、折芦描、橄榄描、枣核描、柳叶描、竹叶描、战笔水纹描、减笔描、枯柴描、蚯蚓描。“十八描”中其实有部分是大致相同的，如高古游丝描和行云流水描差别不大，钉头鼠尾描和橛头钉描也仅仅是在线条的长短粗细上有一定的变化。所以，可以把白描技法大致分成两类，即铁线描和钉头鼠尾描，铁线描大多给人绵长有力的感觉，钉头鼠尾描则有明显的顿挫起落之感。其他描法大多源于此，或者由这两种描法发展演变而来。

临摹时要思考理解原作者线条的用意和表现力，不能一味追求线条的一致和流畅，线条是由笔画出来的，对于笔法要多加重视，前人常说，书画同源，即要把书法中行笔的起、行、收的过程和线条的顿挫转折、轻重缓急、长短粗细都自然地运用到线条中去，下笔时要对对象的形象和质感进行考虑，对待不同的事物采用不同的笔法。

一、用笔

用于白描的笔现如今有很多种，如小红毛、小蟹爪、衣纹、叶筋、勾线笔等，对于初学者来说，一般应选用大小合适的勾线笔，勾线笔以狼毫且笔锋尖而齐为好。勾线时拇指、食指和中指将笔杆握紧，以无名指将笔扶住，做到指实掌虚。勾线时要始终保持笔和画面的垂直，这样才能使线画得流畅、有力，线条较短时要以腕为轴，而画长线则要以肘为轴，遇到更长的线条时则要以臂为轴。勾线时在用笔行进过程中要感受到阻力，作画者需要对纸面施力才能画出，这样才能达到力透纸背的效果。

二、用墨

白描在画线时对于不同的事物用墨要有深浅浓淡的变化，一般来说，固有色重的部分用墨也要重一点；反之，则相对较淡。勾线时笔中的墨汁不可过多也不能过少，过多时画的线容易臃肿晕开，过少时则出现飞白过多的现象。勾线时不能把墨汁拿来即用，需要用水适当稀释，因为墨太浓在勾线时会过于生涩，出现拉不开的现象，画时用笔在纸上行进，感觉到既有阻力又不是太干涩为好。需用淡墨时则要注意千万不能添加过多水分，水分太多会使线条晕开。

三、用线

线条是决定白描成败的关键，线的粗细、长短、曲直、刚柔、轻重、急缓和疏密、浓淡等对表现对象的形体、空间、质感、神态起着作用，白描是用线的粗细长短、曲直刚柔、轻重缓急和疏密、浓淡来表现事物，通过变化多样的线条带给人以美感。就每一条线来说，线条采用何种形态是由具体对象的特点来决定的。在白描过程中要注意线条的准确性，要求作者既要具备良好的造型能力和科学的观察方法，还要注意线条对于物体质感的体现，如在表现丝织衣物的面料时，采用的线条就要长而柔，转折圆润，流畅而密集；在表现皮质等较硬衣物时就要用略短粗的线条，在某些特定条件时也可采用辅助工具来作画，如用直尺辅助画家画的直线。

经过一定时间的临摹练习，可以进行一些写生。写生多数从线描速写入手。速写是训练造型能力的重要方法，可以加强画者在短时间内感受、把握形体的能力，在短时间内把握对象的形象特征对画家来说极为重要。任何一个人不可能在短时间内把对象的所有细节画得与对象完全一致，只要把对象的主要特征画对就可以了，事实上需要把对象主要特征适当夸张才行，这正是艺术地认识世界的一种方法。画速写时要从主体物画起，抓住大的形体结构和大动势，用线直接刻画。要多看传统的绘画中线的组织关系，体味其中的要领，理解其表现力。画速写时把这些主观的和客观的东西结合起来，才能表现对象，把中国画的传统观念融入其中。

由速写到白描有一个转化融合的阶段，在这个过程中需要画者融入自身的修养及对白描技法、对中国画线条理解。只有在持之以恒的练习过程中逐步不断地深入理解，深入体会、感悟白描技法，才能愈加纯熟、充满魅力。

任务一　白描荷花

技法讲解

荷花是中国十大名花之一。荷花“中通外直，不蔓不枝”“出淤泥而不染，濯清涟而不妖”的高尚品格，历来为诗人墨客歌咏绘画的题材之一。

步骤 1

小号勾线笔，蘸重墨，从花蕊开始勾线，注意线条的转折感（图 2-1-2）。

步骤 2

中锋用笔，采用复线双勾的方法画出花蕊和靠近花蕊的部分花瓣（图 2-1-3）。

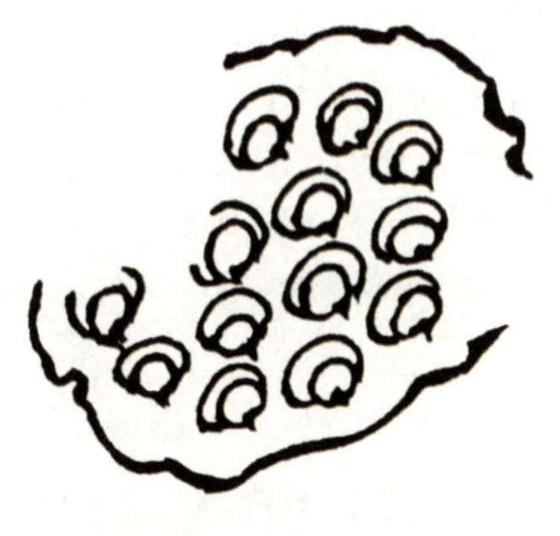

图 2-1-2　步骤 1

图 2-1-3　步骤 2

步骤 3

勾线笔蘸取略淡的墨，中锋用笔，一气呵成勾画出荷花的顶部，要注意花瓣间的穿插关系（图 2-1-4）。

步骤 4

逐步完善、增加花瓣，使花朵更为生动；勾勒出正面和反面，使花瓣呈现立体感；注意花朵的整体形态和线条的虚实变化。

使用狼毫笔，采用长锋用笔勾画荷叶，勾画时要注意线条的流畅连贯，不能出现断笔。长锋用笔画出花茎，点上毛刺，完成画面（图 2-1-5）。

图 2-1-4　步骤 3　　　　图 2-1-5　步骤 4

拓展学习

荷花图片

荷花诗词

任务实训

■ 任务内容

临摹白描荷花。

■ 任务目标

学习使用不同的笔法来描绘荷花的不同部位，更好地塑造形体和质感，体会荷花传达的精神气质。

■ 任务成果

描摹白描荷花 2~5 幅，要求线条有力度，墨色区分到位。选择一幅拍照打印提交，附于本书工作页式任务工单中的实训任务单 3。

任务二　白描兰花

技法讲解

兰花在中国传统文化中与“梅、竹、菊”并列，被文人称为“四君子”。古人常借兰花来表达纯洁、坚贞的爱情或隐喻真挚的友谊。兰花的结构与一般花朵有所不同，兰花有 6 枚花瓣，分为内外两轮，其中内轮有一枚特化成了唇瓣。唇瓣的作用是吸引昆虫来传粉并为昆虫驻足提供平台。兰花结构的奇特是为了适应昆虫传粉。

步骤 1

首先使用小号勾线笔，从兰花的叶子入手，按照其生长方向进行勾画，用墨要润，用笔要流畅、纤长（图 2-1-6）。

步骤 2

随着叶片的穿插，画出已经开放的花朵（图 2-1-7）。

图 2-1-6　步骤 1

图 2-1-7　步骤 2

步骤 3

画出更多的叶片和花朵，注意其穿插关系，在勾线时要用笔轻巧流畅，尽量使墨线富有弹性（图 2-1-8）。

步骤 4

继续丰富画面，添加更多的叶片和花朵，注意区分叶片的正反面和画面的疏密关系（图 2-1-9）。

步骤 5

调整画面，注意叶片之间、花朵之间、叶片与花朵之间要错落有致、疏密有序、富有节奏，最后完成画面（图 2-1-10）。

图 2-1-8　步骤 3

图 2-1-9　步骤 4

图 2-1-10　步骤 5

拓展学习

《种兰》（南宋　苏辙）赏析

《墨兰图》（南宋　赵孟坚）赏析

任务实训

■ 任务内容

临摹白描兰花范本。

■ 任务目标

通过对兰花范本的临习，体会在白描中面对画面同一物种较多时对于画面节奏、疏密关系的调整和控制，体会兰花表现的内在精神气质。

■ 任务成果

描摹白描兰花 2 幅以上，要求线条有力度，墨色区分到位。选择一幅拍照打印提交，附于本书工作页式任务工单中的实训任务单 4。

任务三　白描牡丹

技法讲解

牡丹色、姿、香、韵俱佳，花大色艳，花姿绰约，韵压群芳，素有“花中之王”的美誉，是画家们经常表现的题材。

一、牡丹花结构

牡丹花结构如图 2–1–11 所示。

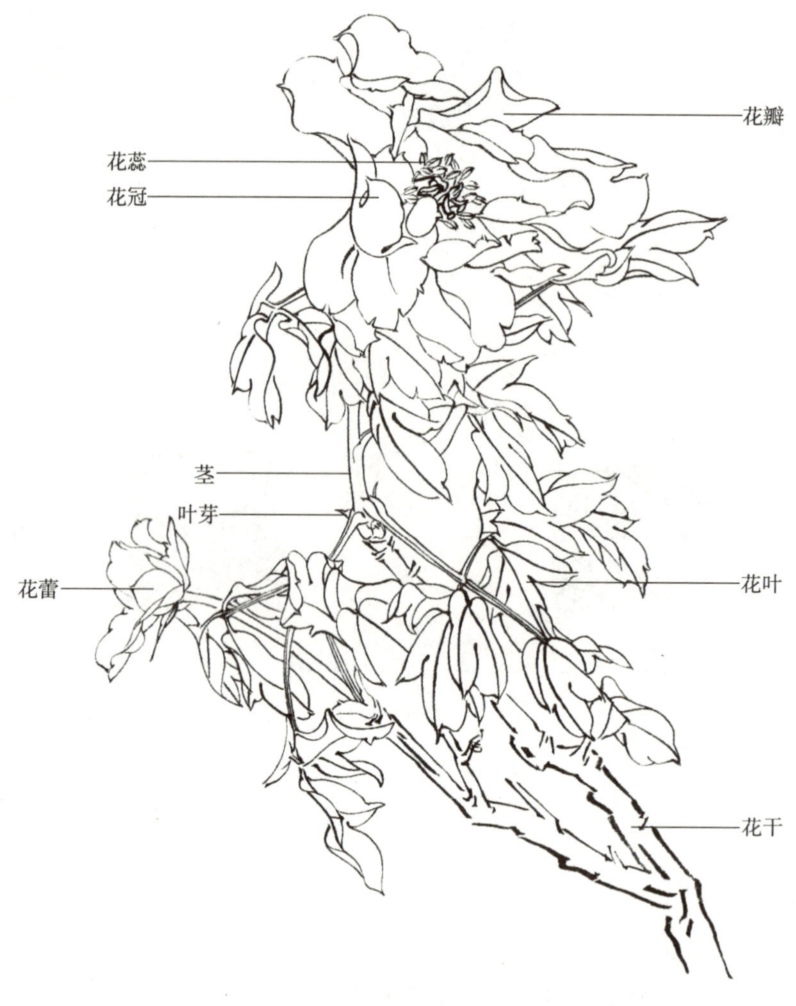

图 2–1–11　牡丹花结构

二、花头结构

牡丹花花头是复瓣，呈球形状，画时观察其花头是全开、半开或是含苞待放的，盛开的牡丹花形呈圆形，花瓣的姿态也不同（图 2–1–12）。

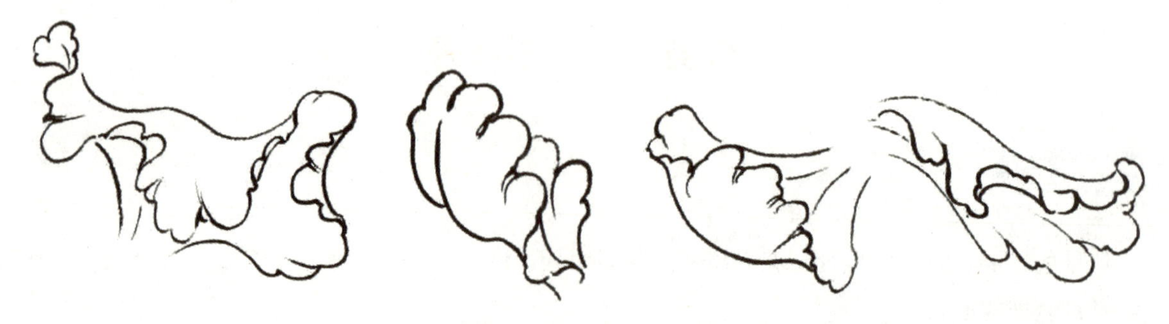

图 2–1–12　牡丹花瓣姿态

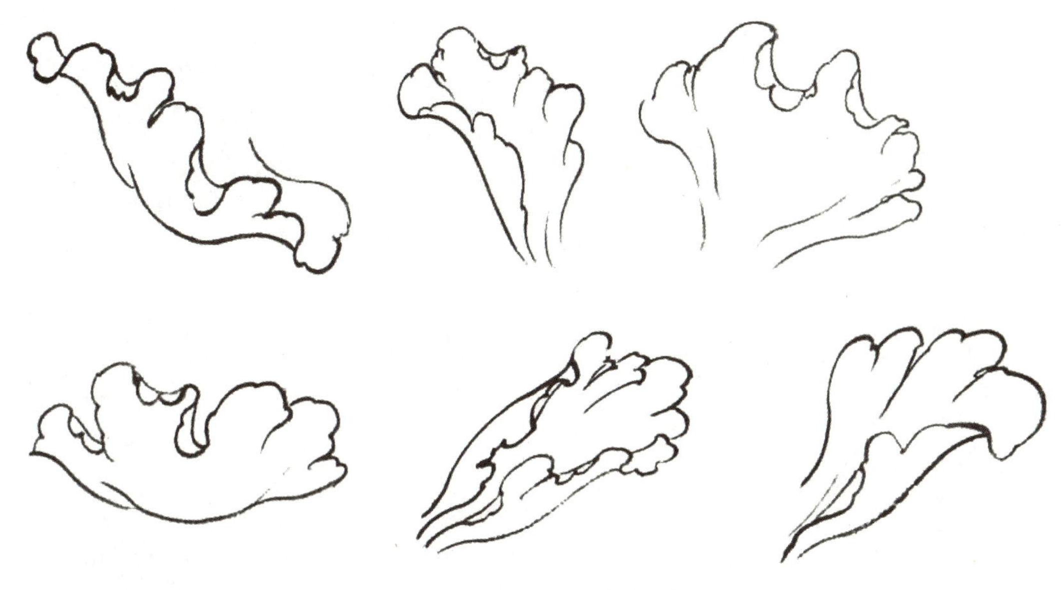

图 2-1-12 牡丹花瓣姿态（续）

牡丹的花瓣根据花的颜色浓淡有淡墨或重墨勾勒，画花瓣的线条要灵巧，曲折处的线条可适当随意一些。

花头的姿态也要注意把握和区分，在生活中注意观察（图 2-1-13）。

图 2-1-13 牡丹花头姿态

三、叶子

牡丹的叶片发自花的周围，为互生，复叶羽状。在一根总叶柄上分枝生长三组叶，每组上又各有三片叶，共九片叶子，因此被称为三叉九鼎（图 2-1-14、图 2-1-15）。

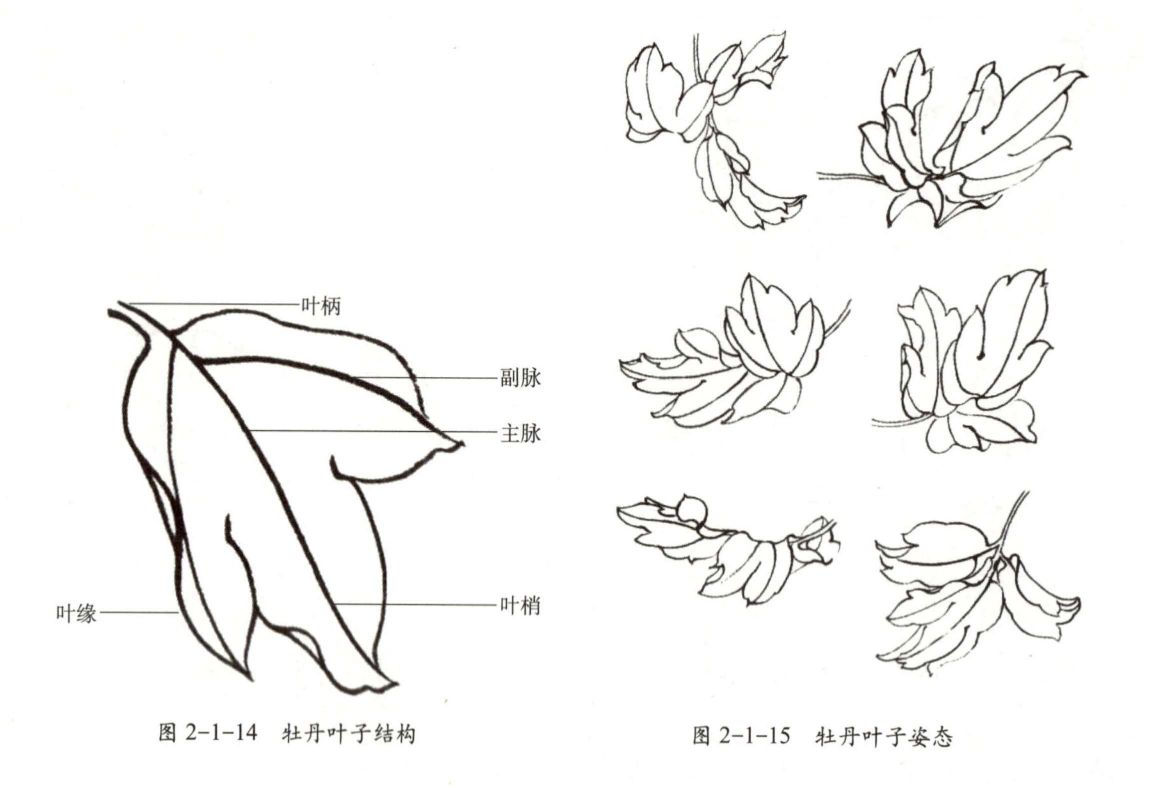

图 2-1-14　牡丹叶子结构

图 2-1-15　牡丹叶子姿态

四、枝干

枝和干在牡丹上体现得很分明。多皱的木质部分是“干”，很粗糙，画时要注意用粗而短的线条有顿挫地画出。枝上生梗长叶，枝端生花（图 2-1-16）。

图 2-1-16　牡丹枝干

勾白描牡丹时，一般情况下，花蕊用浓墨，花瓣根据花的颜色深浅用重墨或淡墨，枝干用重墨，注意花的线条与枝干线条的质感区别。

拓展学习

牡丹花语

牡丹诗词

任务实训

■ 任务内容

临摹白描牡丹范本。

■ 任务目标

通过对范本的临习，了解白描牡丹表现方式、线条的质感体现、牡丹蕴含的内在精神气质。

■ 任务成果

描摹白描牡丹 2 幅以上，要求线条有力度，墨色区分到位。选择一幅拍照打印提交，附于本书工作页式任务工单中的实训任务单 5。

任务四　白描禽鸟

技法讲解

鸟类是白描画、花鸟画中的主要题材之一，这里以宋小品《榴枝黄鸟图》（图 2-1-17）中的黄鹂为例来学习白描禽鸟的画法。黄鹂常入画，其寓意较为丰富，画家常把黄鹂和紫藤一起入画，寓意为“飞黄腾达”。

步骤 1

用较细的勾线笔蘸取浓墨，从头部开始，先勾画出眼睛和头顶的冠羽，要注意对于黄鹂眼神的把握，线条要流畅圆润且精练（图 2-1-18）。

图 2-1-17　《榴枝黄鸟图》宋佚名

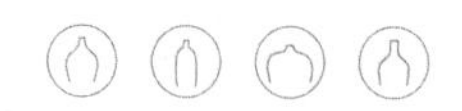

步骤 2

浓墨勾画鸟嘴，用线笔直有力，刻画出鸟嘴部的坚硬角质感。用小号勾线笔点出头部的羽毛，注意疏密关系（图 2–1–19）。

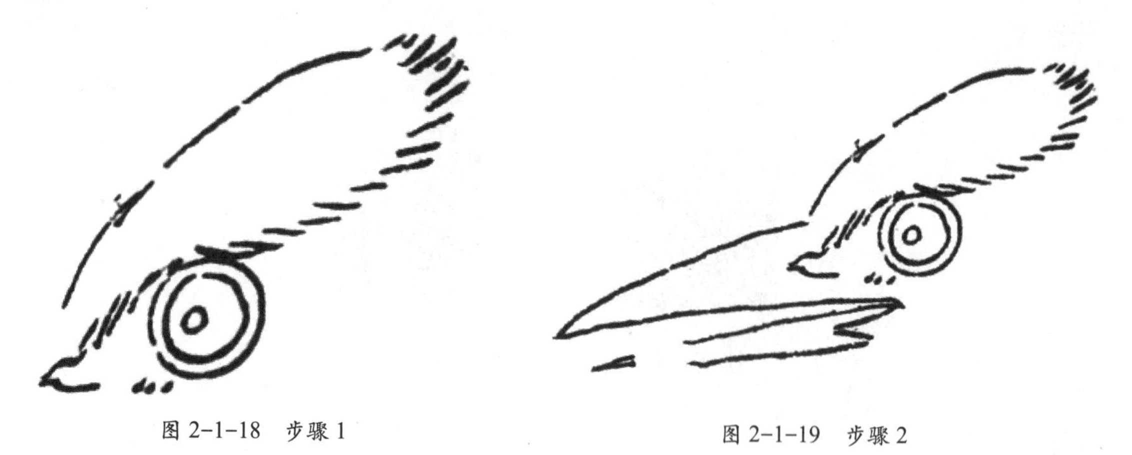

图 2–1–18　步骤 1　　　　图 2–1–19　步骤 2

步骤 3

用中锋添加鸟嘴里的虫子，注意其扭动时姿态的变化，线条不要过于单调（图 2–1–20）。

步骤 4

顺着躯干部分点出翅膀的绒毛，要用中墨勾勒，注意长短变化和穿插关系。用较短的线条来勾勒翅膀的根部，采用中锋，线条短而有力，根据翅膀的生长结构一层一层勾勒，线条要富有变化（图 2–1–21）。

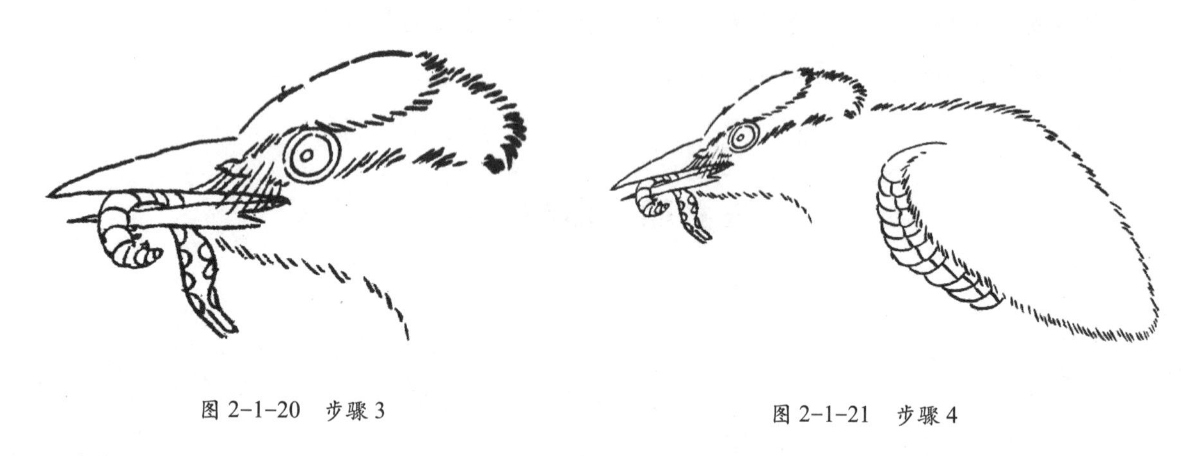

图 2–1–20　步骤 3　　　　图 2–1–21　步骤 4

步骤 5

使用长线中锋用笔画出翅膀部分的羽毛，线条要流畅有力。继续勾勒长羽毛，一层一层加密，线条要有墨色深浅变化和虚实变化。然后用淡墨点出腹部的绒毛，注意疏密关系（图 2–1–22）。

步骤 6

重墨中锋勾画鸟尾，注意线条变化，区分每一层羽毛的墨色变化（图 2–1–23）。

步骤 7

中墨勾画爪子，线条要短而有力，要表现出鸟爪的尖锐有力，注意鸟爪和枝干的遮挡关系。最后勾画出树枝，用笔要苍劲有力，可略微使用干笔，调整细节，完成画面（图 2–1–24）。

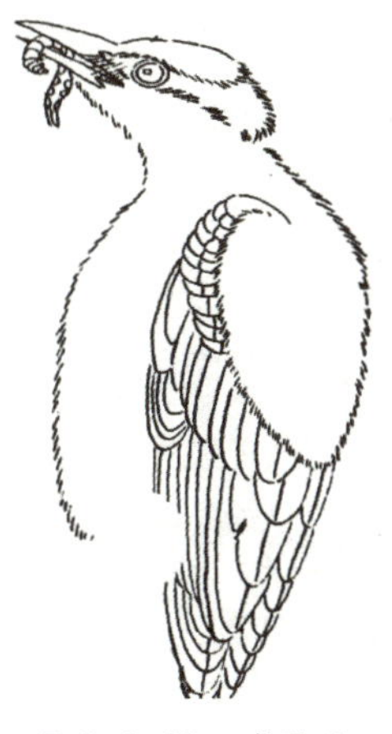

图 2-1-22　步骤 5

图 2-1-23　步骤 6

图 2-1-24　步骤 7

注意：白描禽鸟在勾白描时候要注意墨色的区分，一般情况下根据鸟儿本身的色彩来决定用墨的浓淡，如白色的鸟儿翅膀要淡墨，深色的鸟儿则要用浓墨或重墨，若是设色稿，有时腹部等较浅和细的绒毛不需要勾出来。

拓展学习

《绝句》　唐　杜甫

《山鹧棘雀图》
五代　黄居寀

任务实训

■ 任务内容

临摹白描黄鹂范本。

■ 任务目标

通过对范本的临习，掌握白描禽鸟的结构和羽毛表现方式，了解古人对花鸟的描绘、传达的人与自然和谐共生的理念。

■ 任务成果

描摹白描禽鸟 2 幅以上，要求线条有力度，墨色区分到位。选择一幅拍照打印提交，附于本书工作页式任务工单中的实训任务单 6。

单元二 工笔花鸟设色基本技法

工笔花鸟的设色主要有勾填和勾勒两种。勾填即双勾廓填，在墨线的轮廓里面填色，填色时不覆盖墨线。勾勒是齐墨线（墨色较浅）外轮廓填色，颜色要把墨线覆盖，填色后再用较深的色线勾勒轮廓盖上墨线。花头采用勾勒还是勾填，要根据不同花的颜色来确定，墨线的深浅也同样如此，固有色较重的花如深红、深紫色等应勾重墨线，浅色花如白、黄、浅粉红等勾浅墨线。重彩花头宜用勾勒染法，若是金碧重彩，在轮廓色线上再用金色线条勾勒一遍。

枝叶的勾填要使用重墨勾，梗稍淡，木本则浓淡墨兼用。勾勒叶用浅墨线勾，着色压墨线，后用较深的绿色勾勒轮廓，把墨线压上。

工笔花鸟的着色步骤与技巧如下。

一、平涂打底

平涂打底一是整个画面的底色制作，二是花卉或叶子底色平涂。在调制底色时要做到薄色多次平涂，每一次都要在前一次干透后平涂第二次，注意每一次调色要足够，切忌平涂到一半时没有颜色了，这时补充调色不可能和之前调的一样，会存在不均匀的情况。

二、分染

分染是针对单个花瓣叶片的结构颜色渲染，针对的是局部。分染时要尽量做到笔迹和水迹不显露，画者一手持两支笔，一支为色笔，一支为水笔，两支笔呈十字状交叉，并随时倒替以便渲染。一般来说，色笔的水分要比水笔饱满一些，否则水容易把色冲掉。

颜色较深的花瓣、树叶一般都要进行分染。根据对象的不同和画者的喜好、感受来选择打底分染的颜色。例如，固有色较深的花瓣和老叶一般用淡墨进行打底，重复三到四次；固有色较浅的花瓣和叶子可用花青色打底；个别的花瓣也可用胭脂打底，如大红的花瓣。

叶的分染：分染时把叶片以正中主脉分为前后两部分，前半部分颜色较浅，分染时着色要淡，落笔在叶片中下部偏外部分，按由重到淡的顺序，用清水笔晕染至叶缘；后半部分颜色较重，落墨要浓，落笔在靠近叶柄和主脉的地方。晕染时注意，叶缘和叶尖一般颜色较浅。有时叶片主脉采取双钩的形式，分染叶片时留有水线（主脉），使主脉突出、明亮。落笔时，遵循前淡后重的顺序，紧贴水线由主叶脉向两侧叶缘进行分染。叶片的背面较正面颜色浅，分染时注意与正面叶的区分。在处理重叠叶片时，上面的叶片亮，下面靠近上面叶片的部分暗，远离上面叶片的部分亮。

花的分染：自然界中花的色彩变化多端，有的正面色彩重，背面颜色淡，如牡丹和山茶；有的背面色彩重，正面色彩浅，如荷花；有的边缘色彩重，根部色彩淡，如月季和梅花；有的根部色彩重，边缘色彩淡，如蜀葵；因此，染色时可根据具体情况具体对待。一般情况下，工笔花卉在染色时，大部分是花心部位颜色重，花瓣边缘颜色淡，分染的层次要分明，要着重表现花头的立体感。

分染时，调色不要太浓，从花瓣的基部落笔至瓣尖，用清水笔将色由浓到淡逐渐晕染开。分染要细腻、均匀、干净，不要留有水迹和笔触，过渡要自然，以体现花的柔美。一遍不够可以再染第二遍、第三遍，反复几次，这样才能将花朵的明暗、凹凸变化表现出来，产生花朵的立体感。

三、罩染与统染

统染：针对的是整体，主要是区分整个画面的层次和明暗关系，使画面更加协调、自然。

罩染：是在渲染和分染完成后对画面进行调整的一种方法，需要注意掌握颜色的浓淡，一般在罩染时以水色薄罩法为主。

四、其他染法

提染：为了使画面效果更加突出、醒目，在局部提染其他亮一点的颜色，增强其立体感。

接染：用两种颜色从相反的方向往一处染，中间可借助清水笔帮助衔接，使两种颜色逐渐过渡到一起，产生一种色彩流动的感觉，是没骨画常用的方法，双钩法也可用。

烘托：一般指在浅色花的周围，用其他颜色进行衬托，可局部托，增加花的亮度；也可全部托，形成画面的一种基本色调。

积水（撞水）：先用墨或色，点出物体的形态，水分要大，趁湿冲入清水，使墨色与水互相撞击、融合，干后形成深浅不一、纹理斑驳的效果。

积色：先用墨或色，点出物体的形态，根据需要趁湿冲入其他颜色，一般多用矿物质颜料，使色与墨互相撞击、融合，干后形成色彩斑驳、纹理变化丰富的效果。

撒盐：特技的一种。铺好底色后，趁湿在上面撒上食盐，任其自然渗化，形成雪花状的肌理效果。

涂蜡：特技的一种。在未画或画到中间过程时，在画面上不规则地涂抹上一些石蜡，使画面产生局部不挂色的斑驳效果。此法也可表现下雨时的效果。

皱纸：特技的一种。勾好白描稿后，用喷壶把画稿稍微打湿，水不要太多，然后把画稿慢慢攥在一起轻轻揉搓，再展开抚平，用大白云笔蘸事先准备好的颜色（颜色略重），在画稿的背面皴擦点染，使颜色渗透，画稿正面产生碎瓷般斑驳的效果。

布地：就是打底色。为了使画面效果更加丰富多彩，可以运用各种色彩进行布地。先把颜色调好，用排刷朝一个方向均匀地平刷在画稿上，切忌来回涂抹。布地可以一开始“布”，也可画到中间过程时“布”，最后再根据画面需要进行一些局部的调整。

水洗：画面的一种处理方法，可使画面更加统一、协调，同时也可把表面浮色洗掉，使画面更加沉稳。水洗时，先用清水把画稿打湿，用白云笔轻轻洗刷，可整体洗，也可局部洗，用力不要太大，否则会把画稿弄破。

五、整理完成

设色基本完成后，就是最后整理画面，根据画面整体效果进行局部的调整加工，然后在适当的位置题款，加盖印章，使画面达到统一完整，呈现出良好的效果。

任务一　工笔花鸟画临摹

技法讲解

以《出水芙蓉图》（图 2-2-1）为例讲解临摹工笔花鸟画的步骤。本任务的读画不会过多介绍如何欣赏这幅画，而是从技法的角度去解析要临摹一幅画要做哪些步骤。

步骤 1

临摹设色工笔的第一步就是要认真读画，一朵盛开的粉红色荷花占据整个画面，莲瓣的描绘技法类似后世的没骨法，不见勾勒之迹，渲染出的花瓣具有既轻盈又腴润的质感。碧绿的荷叶有大、中、小 3 块，右上角一块以反叶绘画，没开的叶子从花的斜边穿插；安排巧妙的 3 根荷梗体现聚散关系。画绢已变旧，整个背景呈暖色调。在临摹时应调出仿古色。

步骤 2

第二步是勾白描稿。淡墨勾勒花头，中墨勾反叶、枝梗 。浓墨勾正叶。宋人原作用线尤其是花头的用线非常细，墨色也非常淡，临摹时应该避免平时的用线习惯，尽量向原作靠拢。正叶叶筋采用双钩方法为之，也有别于目前流行的正叶叶筋两边留水线的处理手法（图 2-2-2）。

图 2-2-1　《出水芙蓉图》页 宋 纨扇页，绢本，设色，纵 23.8 cm，横 25 cm

图 2-2-2　步骤 2

步骤 3

淡淡的赭墨色（朱磦＋墨＋少许曙红）底纹笔刷底色。干后用隔夜赭石（朱磦＋墨调和后放置一夜）平涂三次底色（花卉、叶子等部分不涂）。隔夜色有渣滓，能出现比较粗糙的肌理效果，对衬托出花瓣的水灵感有一定的帮助。淡白色平涂花头。反叶、枝干平涂赭石色（赭石中可略微加入微量草绿）。正叶、莲蓬平涂老绿色（草绿＋少许胭脂）（图 2–2–3）。

步骤 4

花头用淡曙红多次分染（用色一定要薄）。染色时需要注意反瓣可比正瓣多染 1~2 次。反叶、枝干用草绿分染，枝干部分采用两边往中间染的“染低法”。反叶叶筋两边留水线，接近于近代通行的正叶处理手法。随后反叶用淡朱磦从叶子边缘往根部倒染。莲蓬用赭石色分染，最深处略加墨分染。花瓣根部即莲蓬周围可用胭脂略加朱磦进行整体统染，稍微染深一点以后点花蕊时就容易让花蕊亮起来。正叶用花青多次分染，要有意识地挤出正叶叶筋。越是根部这种挤的感觉越明显，到了边缘部分要弱化一些，始终保持整体的明暗关系要和谐，避免局部刻画过分（图 2–2–4）。

图 2–2–3　步骤 3

图 2–2–4　步骤 4

步骤 5

正叶继续用墨青色（花青＋墨）提染，淡墨青色（花青＋墨）勾勒细叶脉。在花瓣互相掩盖的地方用极淡的灰绿色（三绿＋少许墨）淡淡地分染一下明暗关系，千万不要染过了。花瓣尖部用浓曙红局部提染后再用中等浓度的胭脂提染一下，胭脂为冷色，有别于曙红的暖色，提染一下胭脂，花瓣会红得更有层次，初学者在描绘别的粉红花头时也可以采用此法。反叶、枝干整体罩染薄五绿（三绿＋白色）。其中枝干是从中间往两边分染，反叶是从根部往边缘整体罩染。同时，用五绿提染一下莲蓬和莲子的亮面。对莲蓬周围的花瓣根部继续用淡胭脂色＋少许朱磦进行整体统染（图 2–2–5）。

步骤 6

花瓣提染中等浓度的白色，这一步非常关键，处理手法不能雷同。有的地方是为了挤出反瓣，有的地方是为了衬托出上层的花瓣，所以有的地方可能提染在根部，有的地方可能提染在中间部分。总之，大部分的白粉还是提染在花瓣的中间部位，分别向根部和瓣尖分染开去。淡曙红勾勒花瓣边缘、勾细花脉。淡墨勾花丝，随后用橘黄色（藤黄＋朱磦）复勒花丝。淡花青衬勒一下正叶的细叶脉，用笔可以略随意。浓白色立粉点花蕊，干后用很淡的淡胭脂色在花蕊的中间微微再点一次，更好地表现花蕊的立体感。正叶除叶筋部分外整体再次平涂一层偏绿的草绿色。根据画面整体关系，淡墨整体调整一下正叶的大明暗关系，淡赭墨色调整一下反叶的整体明暗关系。浓胭脂点莲子的顶部圆点（图 2-2-6）。

图 2-2-5　步骤 5

图 2-2-6　步骤 6 李晓明[①] 绘

拓展学习

李晓明部分
作品赏析

任务实训

■ 任务内容

临摹宋人小品《出水芙蓉图》范本。

■ 任务目标

通过对范本的临习，学习各种染色方法，熟悉工笔画设色步骤。

■ 任务成果

临摹不小于原作大小的《出水芙蓉图》，拍照打印提交，附于本书工作页式任务工单中的实训任务单 7。

① 李晓明：男，职业工笔画家，1972 年出生于安徽省无为县，现居芜湖，专攻工笔花鸟画，尤擅工笔牡丹的绘制。先后毕业于安徽艺术学校和安徽师范大学美术系。

任务二　工笔花鸟画创作

技法讲解

工笔花鸟画创作步骤如下。

一、构思立意

创作的第一步，是将日常生活中对大自然的发现（图 2-2-7）、感悟和体验通过一定的艺术形式与手段反映出来（图 2-2-8），即构思和立意的过程。

图 2-2-7　写生照片

图 2-2-8　构思立意

二、章法布局

章法布局即西画中常说的构图，我们首先应该考虑采用何种幅式，如中堂、横批、立轴、条屏、手卷、斗方和扇面等，以及幅式的具体尺寸大小，待幅式尺寸确定后，则主要考虑如何将要表现的所有对象合理巧妙地安排在画面的具体位置上，最好地表达预期的艺术效果（图 2-2-9）。

三、定稿制作

设色时可以先画一张设色样稿，待样稿确定之后，再按照预定的尺幅进行创作（图 2-2-10~图 2-2-13）。

四、收拾整理

一幅作品大体完成后，还要挂在墙上反复审视，上墙后的效果往往是和在画案或地面观察不一样的，如有不足之处，则需进一步收拾和调整（图 2-2-14）。

图 2-2-9　章法布局 白描定稿

图 2-2-10　设色样稿

图 2-2-11　定稿制作 设色过程 1

图 2-2-12　定稿制作 设色过程 2

图 2-2-13　定稿制作 设色过程 3

图 2-2-14　收拾整理完成 吴丹

拓展学习

令箭荷花

任务实训

■ 任务内容

创作工笔花鸟画。

■ 任务目标

掌握工笔花鸟画创作设色方法和设色步骤，体验工笔花鸟画的意境表达。

■ 任务成果

将完成的作品形成 7 寸照片打印，附于本书工作页式任务工单中的实训任务单 8。

单元三 写意花鸟画基本技法

写意花鸟画的技法分为笔法、墨法、色法三大类。笔法即用笔的方法，是指毛笔运行的法度、法则。

一、笔法

写意花鸟画的用笔方法概括起来有以下几类：

（1）按照每一笔的运行顺序来说，依次为起笔、行笔、收笔。一般来说，要藏锋起笔，要做到“欲上先下”“欲下先上”“欲左先右”“欲右先左”。而收笔时则讲究回锋，即收笔时要有回转的趋势。

（2）按照用笔时笔锋的使用情况来说，分为中锋、顺锋、逆锋等笔法。

① 中锋用笔：是指持笔时笔杆与纸相垂直，运行时笔锋力度在中间。落笔中正不倚，用笔圆劲有力。采用中锋用笔时画出来的线条饱满、圆厚、苍劲有力。中锋用笔是勾勒法的主要笔法。

②顺锋用笔：是指笔杆侧偏的方向与行笔的方向保持统一，行笔时保持顺势行笔轨迹，一般是从上向下、从左向右行笔，顺锋用笔时画出的线条具有流畅自然之美。

③逆锋用笔：逆锋与顺锋相对，是指用笔时笔杆侧偏的方向与行笔方向相逆，行笔时逆向施力，一般是从下向上，或从右向左运行。逆锋用笔时画出的线条苍劲有力、粗放而又富有变化。

（3）就行笔过程中的用笔力量、速度和笔在手中的变化过程而言，有提、按、顿、挫、轻、重、缓、急之别。

“提”顾名思义是指用笔时把笔稍微向上提起，使笔锋与纸面接触的面积减少，画出来的笔迹也就变得轻细；“按”则是用笔时对笔施力把笔按下去，增大笔锋接触纸面的面积，使笔迹变得粗重；“顿”是指在行笔过程中把笔按下一些并作旋或折状的停顿；连续停顿称为“挫”。“轻”和“重”、“缓”和“急”则是指行笔的力度与快慢。

（4）就笔锋着力的部位而言，有勾、点、皴、擦、逆、揉、摔、拖、挑等笔法。勾、点一般是笔尖着力；皴、擦是笔锋斜侧或横卧，用笔尖或笔腹横斜向下着力；逆是用笔尖、笔腹向下着力；揉是用笔锋全部着力旋转揉动；摔笔是笔锋横卧，笔身平摔；拖笔是笔横，用笔尖、笔腹顺锋平拖；挑笔是用笔尖向外逆向挑出。

总之，写意花鸟画的笔法是多种多样的，行笔讲究一气呵成，在用笔时要善于把握和运用笔尖、笔腹、笔根部位的不同特点，并根据需要灵活运用。写意花鸟画要求用笔沉着而不板滞，灵动而不油滑，洒脱而不浮薄，挺劲而不尖刻，浑厚而不纤弱，苍涩而不枯槁，华润而不甜腻，多变而不杂碎。用笔过程中要避免描、涂、抹。描是运笔无力，无提按顿挫及起伏变化，涂和抹是有墨无笔。可以说，行笔变化不是行笔动作的孤立状态，而是在行笔过程中画家根据画面造型需要对画面形象所做的意象化处理，也是画家心迹的自然流露。

二、墨法

墨法是指用墨的方法、法则。中国画的用墨不仅仅只是一种黑色，而是能用来独立造型的具有多种变化和丰富效果的色彩。墨迹可以用来勾形，还能代替色彩，表现光暗、向背和远近。因此，古人早就有“墨分五色”“五墨六彩”之说。所谓“墨分五色”是指焦、浓、重、淡、清五种墨色，“五墨六彩”是指黑、白、干、湿、浓、淡等墨色变化。下面分别介绍具体的墨法。

（1）干墨与湿墨。干墨与湿墨是因笔中含墨和水分的多少而产生的墨色变化。干墨以浓墨为主，笔中少含墨和水分，墨迹生辣、苍老，从而产生飞白走笔。湿墨以浓墨或淡墨为主，笔中含墨和水分较多，墨迹华滋、厚重。

（2）浓墨与淡墨。浓墨与淡墨是因墨中掺入水分的多少不同而产生的不同墨色。浓墨墨中掺水少，色度较深，笔中含墨量大，有醒目、厚重、精神之感。浓墨过量易显板滞、不生动，因此用浓墨须沉着洗练。淡墨墨中掺水多，色度较浅，有清晰、明快、变化之感，淡墨容易产生软弱无神之弊，所以用淡墨要明净无渣，要淡而不薄。

（3）重墨与清墨。重墨与清墨是因墨中含水的多少不同而产生的不同深浅的墨色。重墨略次于浓墨的深度，墨中含水较多，但墨色较浓重，有圆实、苍劲、精神之感。清墨以水为主，墨色极淡，墨色透明、清润、淡雅。

（4）焦墨、渴墨。焦墨墨中含水极少，墨色极黑，有浓重、涩之感。渴墨墨色淡而干，易形成含蓄的飞白墨迹。

（5）宿墨。宿墨是指隔夜的墨，胶质起了变化成为宿墨。行笔时见笔痕，有华滋、韵足、“棉里针”之感。

（6）积墨。积墨就是在前一遍墨干后再于其上加墨色以使画面丰富苍劲，特别是在墨色有浮轻和平板之感时，积墨能产生一种提神、沉着、苍老的感觉，积墨时运用皴、擦、染、点等笔法，可以淡墨对浓墨相积，也可用小面积的浓墨对淡墨相积。

（7）破墨。破墨即破开墨，制造墨韵。在前一遍墨未干时于其上再加墨色破之，它是两种色度不同的墨、不同含水量的墨在尚未干时的重叠。墨色可自然渗化，渗化处既分明又模糊，具有一种丰富、浑厚、滋润的美，能产生生动变化，往往有意想不到的笔墨效果，墨韵随之而生。破墨在写意花鸟画中运用很多，方法也很多，有浓破淡、淡破浓、干破湿、湿破干、中锋勾勒破、侧锋皴擦破等，在形态上有点、线、皴、擦、破面，也有面破点、线、皴、擦等。

（8）泼墨。泼墨即倾墨于纸上，或用大笔饱蘸墨色大面积挥洒，也是指一种横涂直抹的用墨方法。此法墨色如泼，气势磅礴，大胆泼辣，能产生一种自然感和力度感，有很大的自然性和随意性。

（9）冲墨。冲墨是用浓墨画出形象后，趁湿用清水滴入冲淋，使墨色自然渗发，产生墨韵。

（10）渍墨。先蘸浓墨，然后笔尖稍蘸水，笔落纸上，墨向四边化研，往往墨色浓黑而四边淡开。充分地利用水墨在宣纸上的痕迹，点画之中要见笔触感，透明滋润，使画面产生一种独特效果。

以上墨法是前人用墨实践的总结，切勿机械理解，生搬硬套。写意花鸟画讲求笔立形质、墨分阴阳。对用墨要求是干墨不枯、湿墨不滑、浓墨不浊、淡墨不薄。笔的轻重疾徐和墨的浓淡干湿应相互配合、相互协调。

三、色法

色法，即用色赋彩的方法。传统写意花鸟画一般不着重设色，往往以墨代色。但是，不重设色并不等于不讲究用色，中国写意画在设色赋彩上仍有一套独特的规律。写意花鸟画的用色一般是以固有色的观念来反映物象，即“随类赋彩”。不注重光线、环境对色彩的影响，色彩提炼、夸张，主观意识很强。写意花鸟画着色技法的运用与墨法基本相同，具体方法主要如下：

（1）填色法：在用墨线或色线勾好的物象轮廓内填色，可渲染也可平涂。注意用石色填色时，一般要用水色的同类色或对比色铺底色，待画面干后再在其上赋石色，这样色彩效果方显浑厚、沉稳。

（2）点写法：也称点簇、点厾，是没骨写意花鸟画的主要技法。大都是用来画不勾墨线轮廓的叶子、花瓣和禽鸟。先用笔蘸清水，再蘸一种或几种颜色立即点缀物象形体，用笔清晰、自然。

（3）染色法：与染墨法相近，有淡彩染色、重彩晕染和烘染。

（4）晕色法：在画面已有墨色上，再薄染透明颜色，可以丰富画面的效果，也可使画面和谐统一。

（5）破色法：与破墨法相近，有色破墨、墨破色、色破色、水破色、色破水等技法。

（6）泼彩法：用色彩随意挥洒、泼倒等手法，色彩自然渗化，色泽醒目强烈，使画面产生大象无形的新奇效果和自然之趣。

（7）彩墨法：即色墨合用。一是色墨结合，是指以色点花，以墨写花叶；二是色墨调和，是指色中有墨，色墨相融。此法手法灵活，效果丰富多变，是写意花鸟画常用的手法。

写意花鸟画的用色方法多样，应与用笔、用墨相结合，不能孤立对待，用笔中含有用墨和用色，而用色、用墨都离不开用笔。因此，在学习时应将三者有机统一起来。

任务一　写意荷花画法

技法讲解

一、没骨法画花头

没骨法画荷花花头的步骤如图 2-3-1 所示。

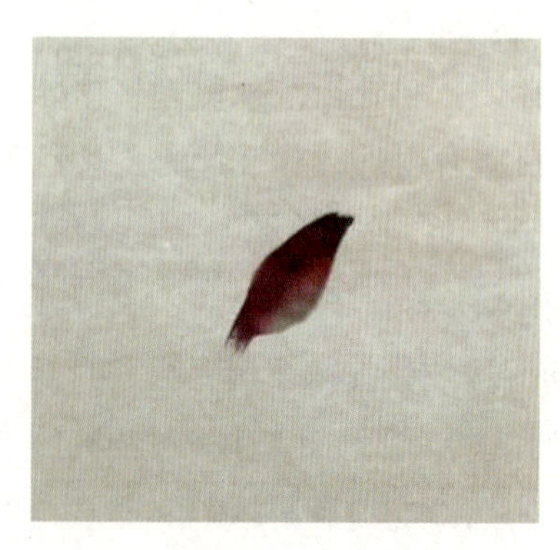

1. 笔肚蘸曙红，笔尖蘸胭脂，中卧锋直接点写

2. 同样的方法画出第二个花瓣

3. 同样的方法画出第三个花瓣

图 2-3-1　没骨法画荷花花头的步骤

4. 同样的方法画出第四个花瓣，注意花瓣之间的距离有变化

5. 用浓墨勾写出花蕊

图 2-3-1　没骨法画荷花花头的步骤（续）

二、双勾画法画花头

双勾画法画荷花花头步骤如图 2-3-2 所示。

1. 笔肚蘸曙红，笔尖蘸胭脂，中锋双勾花头

2. 浓墨点写花蕊，注意点的大小及聚散变化

图 2-3-2　双勾画法画花头

三、荷叶的画法

笔肚蘸淡墨、笔尖蘸浓墨写出荷叶，不求形似，但求神似（图 2-3-3）。

1. 笔肚蘸淡墨，笔尖蘸浓墨，侧锋写出荷叶

2. 注意荷叶的聚散关系，不求形似，但求神似

图 2-3-3　荷叶的画法

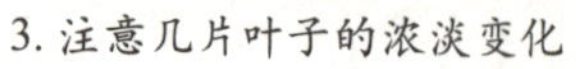
3. 注意几片叶子的浓淡变化

4. 添加荷梗

图 2-3-3　荷叶的画法（续）

用不同层次的墨色丰富荷叶、添加小荷叶等，注意墨色层次的表现（图 2-3-4）。浓墨点写花蕊，注意聚散和变化。落款完成画面（图 2-3-5）。

图 2-3-4　荷叶墨色层次

图 2-3-5　花蕊画法

拓展学习

散文《荷花》赏析

任务实训

■ 任务内容

完成写意荷花一幅。

■ 任务目标

掌握没骨和勾填两种方法，体会荷花“出淤泥而不染，濯清涟而不妖”的品格。

■ 任务成果

分别画不小于四尺斗方没骨、双勾荷花图各一幅，选择一幅拍照打印提交，附于本书工作页式任务工单中的实训任务单 9。

任务二　写意牡丹画法

技法讲解

采用没骨点厾法画写意牡丹的步骤如图 2-3-6 所示。

1. 含适量水分的斗笔蘸曙红侧锋点写花瓣（有时也可笔肚调钛白，笔尖调曙红点写）

2. 接着一二笔继续点写，注意聚散及大小的变化关系

3. 继续添加花瓣

图 2-3-6　写意牡丹步骤 何春林

4. 到中间花瓣时可加深颜色，在笔尖调胭脂

5. 两朵挨着的花颜色要有深浅变化，花瓣缺口雷同

6. 笔尖稍加鹅黄色等其他颜色画出第三朵，与前面两朵花形成聚散关系

7. 笔肚调胭脂、笔尖调墨色点写花蕾，注意聚散，同时点写叶子，注意墨色浓淡变化

8. 点写叶子、枝干，用浓墨点写花蕊深色部分，注意用笔方向的变化

9. 中锋运笔添加枝干，注意力度的把握

10. 继续丰富枝干及叶子，注意墨色及点线面的结合

11. 藤黄调钛白和三青点花蕊，注意笔触大小、节奏等

12. 调整收拾，完成画面

图 2-3-6　写意牡丹步骤 何春林（续）

任务实训

■ 任务内容

写意牡丹。

■ 任务目标

掌握没骨和勾填两种方法，体会牡丹蕴含的内在精神品质。

■ 任务成果

将完成的作品形成 7 寸照片打印，附于本书工作页式任务工单中的实训任务单 10。

任务三　写意菊花画法

技法讲解

双钩填色法画写意菊花的步骤如图 2-3-7 所示。

1. 重墨或淡墨中锋行笔勾写花瓣

2. 添加花瓣，注意缺口变化

3. 添加花朵，注意大小变化

4. 添加花朵，增加聚散变化

5. 藤黄或淡墨，有时笔朱磦填色

图 2-3-7　写意菊花步骤 何春林

6. 浓墨点写叶子

7. 点写枝干和叶子

8. 收拾调整，完成画面

图 2-3-7　写意菊花步骤 何春林（续）

拓展学习

菊花花语

菊花诗词

任务实训

■ 任务内容

完成写意菊花一幅。

■ 任务目标

掌握没骨和勾填两种方法。

■ 任务成果

完成四尺三开写意菊花 2 幅以上，作品拍照彩打图片，附于本书工作页式任务工单中的实训任务单 11。

任务四　写意禽鸟画法

技法讲解

写意麻雀画法步骤如图 2-3-8 所示。

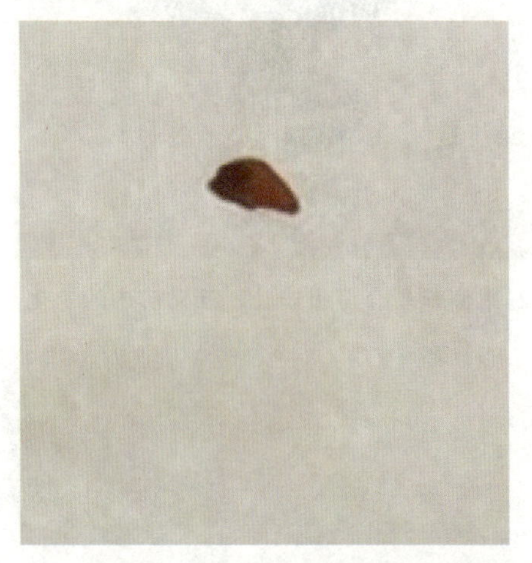

1. 调赭石，笔尖蘸少许墨点写头部

2. 画出另外一只麻雀的头部，注意点的变化

3. 调赭石侧锋点写躯干

4. 用浓墨点写鸟羽

5. 点写翅膀，勾或点染腮部等

6. 收拾调整，完成画面

图 2-3-8　写意麻雀步骤 何春林

写意青蛙步骤如图 2-3-9 所示。

1. 以中锋带拖运笔方法画出身体

2. 中侧锋结合写出四肢，注意动态的变化

3. 画上脚蹼趾

4. 勾画眼睛

5. 在一个画面画几只青蛙需要注意墨色浓淡、动态、聚散关系的变化

图 2-3-9 写意青蛙步骤 何春林

拓展学习

描写小鸟的诗句

禽鸟图片赏析

任务实训

■ 任务内容

完成写意不同禽鸟 3 幅。

■ 任务目标

掌握没骨和勾填两种方法。

■ 任务成果

将完成的作品形成彩打图片，附于本书工作页式任务工单中的实训任务单 12。

任务五　写意果蔬画法

技法讲解

写意樱桃画法步骤如图 2-3-10 所示。

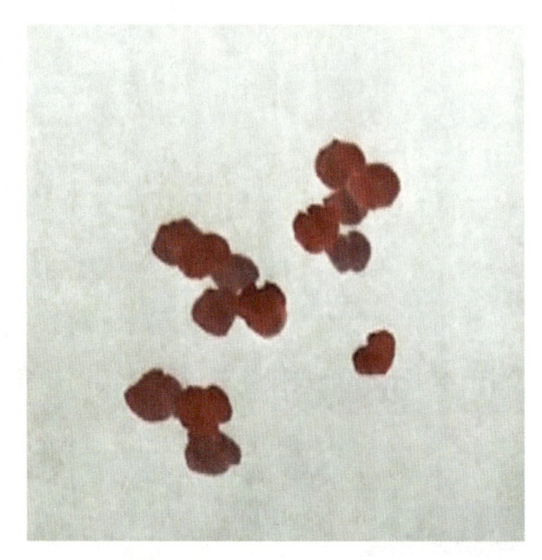

1. 湿笔笔尖蘸曙红或大红，点写前面的果实，注意聚散

2. 继续点写后面的果实，注意色彩浓淡，要体现出虚实变化

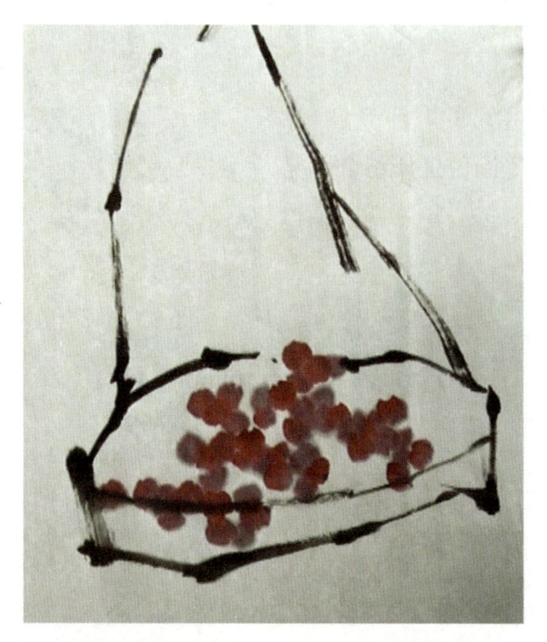

3. 中锋浓墨枯湿结合，有力度地写出篮子外形，注意形的灵动性

4. 果实稍干，点写枝干及篮子细节部分

图 2-3-10　写意樱桃步骤 何春林

拓展学习

樱桃小知识

樱桃诗词

任务实训

■ 任务内容

完成写意不同果蔬练习 2 幅。

■ 任务目标

掌握没骨和勾填两种方法。

■ 任务成果

完成不小于四尺斗方写意樱桃作品，形成彩打图片，附于本书工作页式任务工单中的实训任务单 13。

模块小结

请结合模块学习思考总结以下问题：

1. 本模块学习的主要内容有哪些？试总结笔墨技法。
2. 任务中遇到了怎样的问题？采取的解决措施有哪些？
3. 分析本模块的内容与中小学美术及社会美术教育等岗位工作结合情况。
4. 继续学习的方向及措施是什么？

模块三 山水画

知识目标

掌握山水画基本绘画理论。

技能目标

学习和分析画家笔、墨、色的各种技法，通过大量的临摹及创作，体会并逐渐掌握山水画山石、树木、云水的用笔、用墨、用色技法；能独立完成山水画创作。

素质目标

通过对传统中国山水画的学习，体会中国画的笔墨精神、人文内涵；体会古人借情山水的精神诉求，以及人与自然和谐共生的精神内涵；培养学生热爱祖国大好河山的情怀。

单元一 山石、树木、云水、点景

山水画是中国画的一种，简称“山水”，是一种以描写山川自然景色为主的绘画形式。传统上按画法风格分为青绿山水、金碧山水、水墨山水、浅绛山水、小青绿山水、没骨山水等。山水画是中国人情思中最厚重的沉淀，从山水画中我们可以体味中国画的意境、格调、气韵和色调。宋代文人画家米芾云：“山水心匠自得处高也。”

任务一　山石画法

技法讲解

一、认识山石之形

古人说“石分三面”（图 3–1–1），就是要画出山石的凹凸阴阳，要画出其立体感，用笔需要有转折、顿挫，中锋、侧锋并用，塑造石头的坚硬质感。

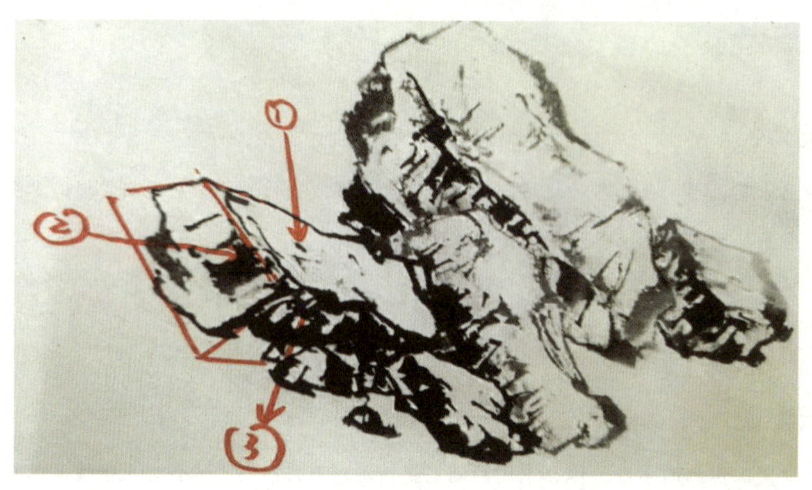

图 3–1–1　石分三面

画石起笔忌圆忌方，一笔需要数顿；虽然分三面，但不宜画成很正的方形，多以不等边梯形体为好。 画石头先用淡墨勾石头外形，然后以焦墨破之，轮廓如果左边勾浓，则右边要淡一些，这样可以区分阴阳向背。

二、组合方式

石体因所处地势、所处画面需要不同，不外乎以下几种组合方式，如图 3–1–2 ~ 图 3–1–4 所示。

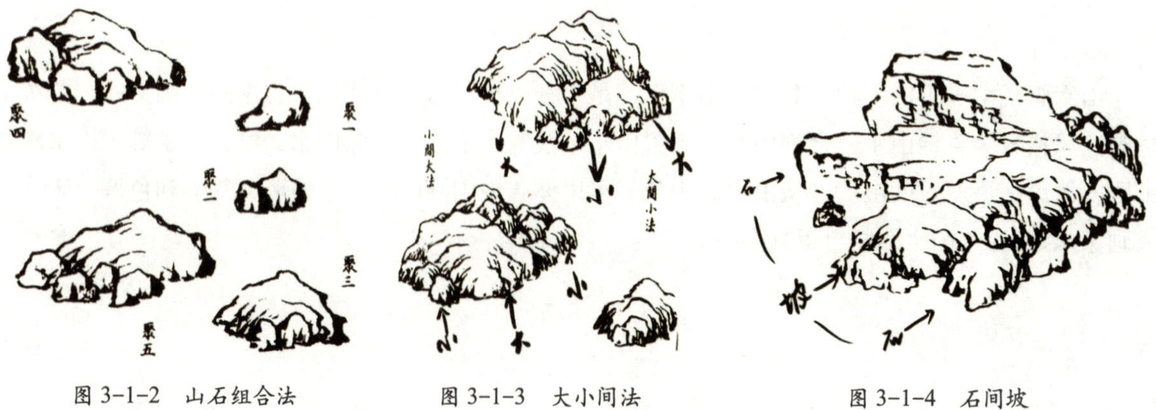

图 3–1–2　山石组合法　　图 3–1–3　大小间法　　图 3–1–4　石间坡

三、皴法

1. 披麻皴

披麻皴由五代时期的董源和巨然开创，是山水画中最常用的皴法之一。以中锋长短线为主，先勾勒，然后进行皴线，笔笔相接；多表现泥土覆盖下山体的质地和特色。历代的画家在他们的基础上又发展出多种相联系的皴法，如长披麻皴、短披麻皴、荷叶皴、牛毛皴、解索皴等（图 3–1–5、图 3–1–6）。

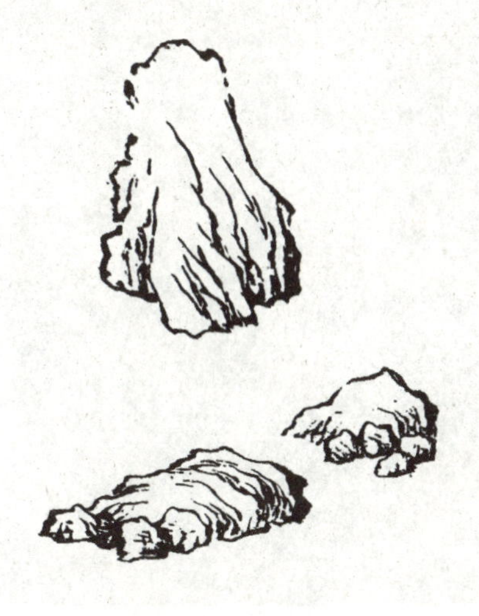

图 3–1–5　巨然皴法

图 3–1–6　吴镇皴法

2. 牛毛皴

牛毛皴（图 3–1–7）线稍细且多而曲，笔法松畅绵密，表现江南山川植被茂密、郁郁苍苍的景象。元代画家王蒙的作品（图 3–1–8）中常见这种皴法。

图 3–1–7　牛毛皴

图 3–1–8　《具区林屋图》 元代 王蒙
纸本设色，纵 68.7 cm，横 42.5 cm

图中山石用“牛毛皴”与“解索皴”干笔皴擦而成，多曲折旋转之笔，以凸显出太湖一带山石特有的质感；树叶则用墨与色直接点染而成，丹崖碧树，一派秋日山水景象（图 3–1–9）。

图 3–1–9 《具区林屋图》局部

3. 解索皴

解索皴类似牛毛皴，但聚散更分明，如同松解了的麻绳，上端聚集，下端分散，疏密关系明显（图 3–1–10）。

4. 荷叶皴

荷叶皴笔法像荷叶的茎脉，线条稳健，是披麻皴的衍生，适合画工笔青绿山水之类的（图 3–1–11、图 3–1–12）。

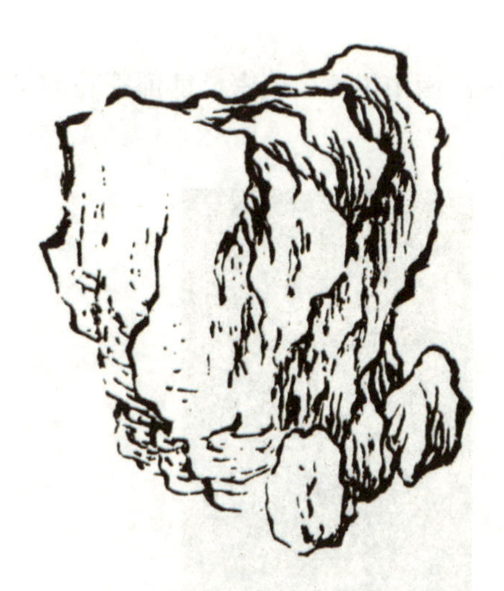

图 3–1–10 解索皴

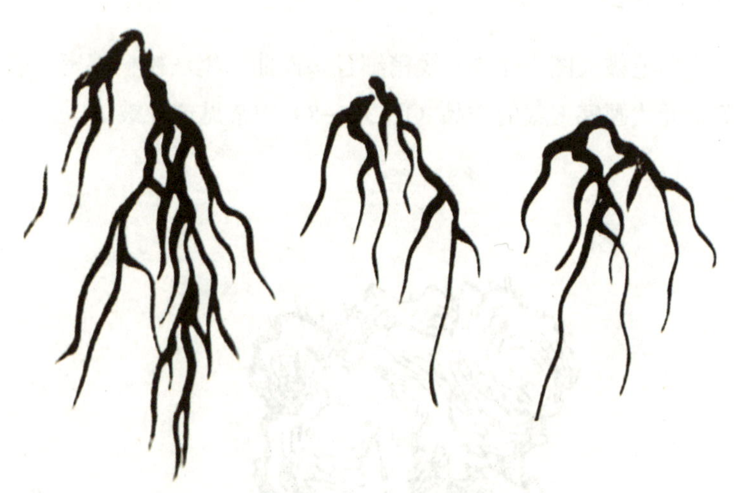

图 3–1–11 荷叶皴笔法

5. 折带皴

折带皴一般是由两种或两种以上皴法自然组合在一起，如同折过的绸缎，大多是由横披麻皴加斧劈皴组合，通常卧笔中锋，起形较方，层层连叠，用笔有起伏感（图 3–1–13）。

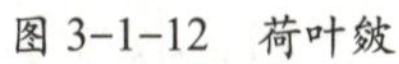

图 3-1-12 荷叶皴

图 3-1-13 折带皴

6. 斧劈皴

相对于披麻皴系列来说，斧劈就显出更明显的面型，用笔挺健刚硬，多表现植被少而多岩壁的地貌，此种画法始于北派山水画代表李唐等，完备于南宋的夏圭等。用笔的粗细和长短又形成了大斧劈（图 3-1-14）和小斧劈。

图 3-1-14 《踏歌图》（局部）南宋 马远 大斧劈

拓展学习

中国十大著名
山水画家

任务实训

■ 任务内容

通过资料查阅了解本书中没有细讲的其他皴法，练习掌握本书中讲到的各种皴法各一张。

■ 任务目标

了解山石的各种皴法，掌握披麻皴、解索皴、斧劈皴、荷叶皴、折带皴，体会画家笔墨下的情怀表达。

■ 任务成果

完成不小于四尺斗方的各种皴法练习的作品，形成彩打图片，附于本书工作页式任务工单中的实训任务单 14。

任务二　树木画法

技法讲解

树木在山水画中占有重要地位。树是千变万化的，也是较难表现的。在绘制山水画的过程中，有“画山先画树”的说法。往往以树木多姿的变化，绕映着山石、河流，构成一幅神奇迷离的优美画面。

一、画树的方法

画树的方法有两种：一为勾线（图 3–1–15），二为没骨（图 3–1–16）。双勾的笔顺从左侧缘开始，一般从左上向左下画，右边由右下向右上画；也可从上至下、从下至上。

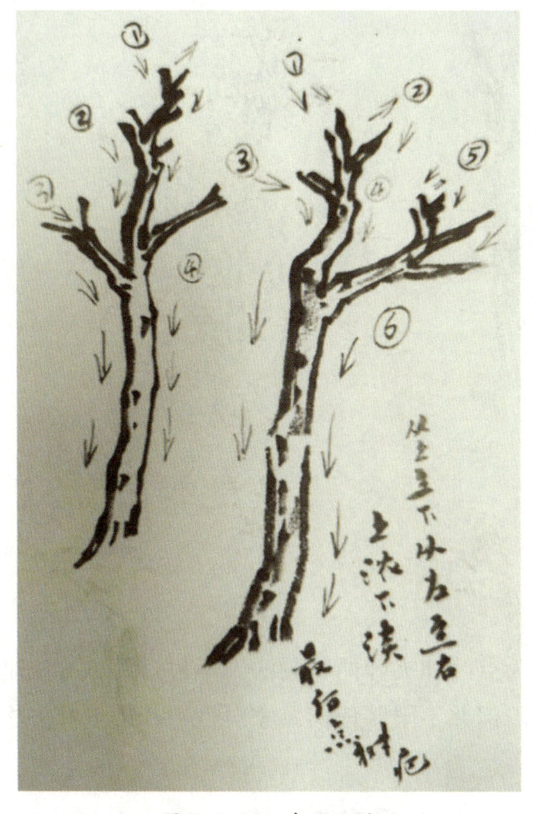

图 3-1-15　勾线画法

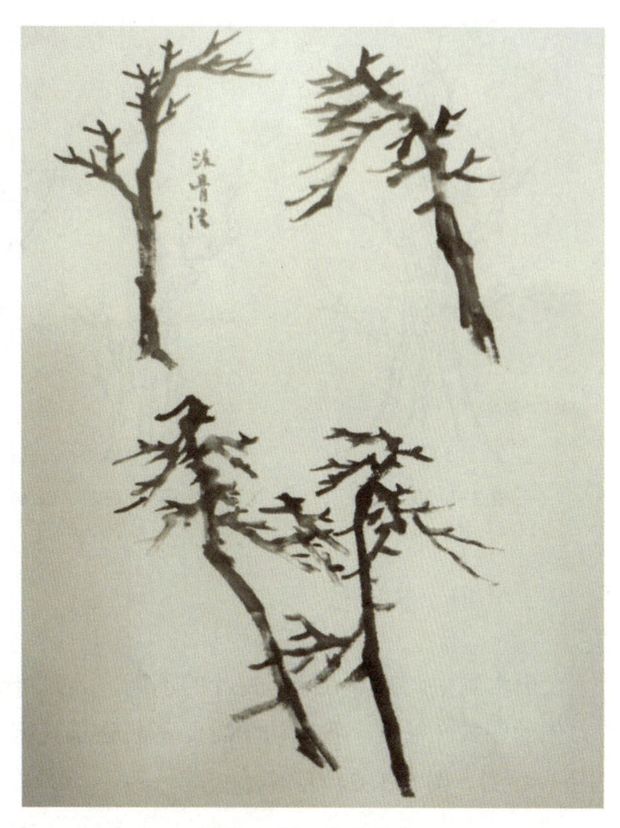

图 3-1-16　没骨画法

二、树的组合方式

古人说：“树分四歧”，指树枝前后左右生长而形成的立体。需要选择角度去描绘，同时要研究树的姿态，特别重视树之间的穿插变化和疏密关系，合理构图，掌握远近、左右、疏密规律。总之，要到生活中去，反复观察实践（图 3-1-17～图 3-1-22）。

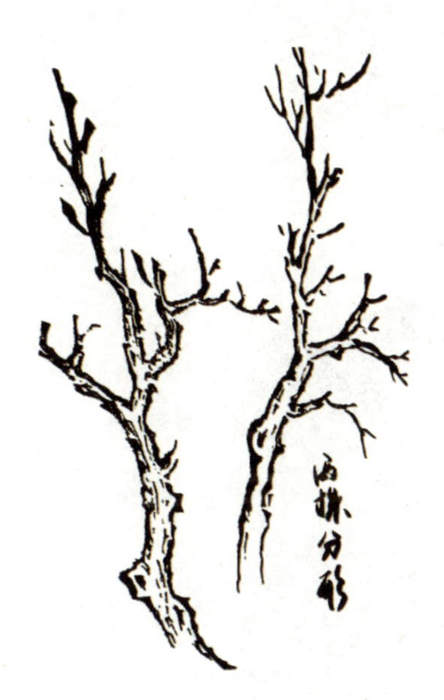

图 3-1-17　两株分形

图 3-1-18　两株交形

图 3-1-19　大小两株

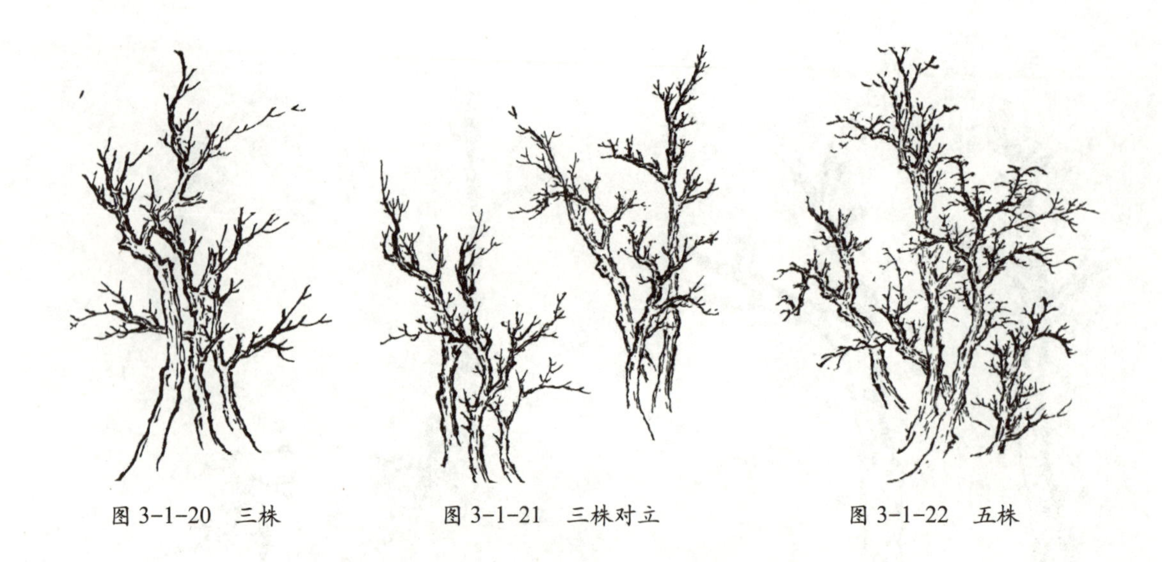

图 3-1-20　三株　　图 3-1-21　三株对立　　图 3-1-22　五株

三、点叶、夹叶法

在山水画中，树木点叶因树叶的不同，大致可分为点叶和夹叶两种画法。不过这两种方法是古人创的图式和框架，我们初学需要不断临摹其笔法，但并不限制任何画家再创造新的点叶方法（图 3-1-23、图 3-1-24）。

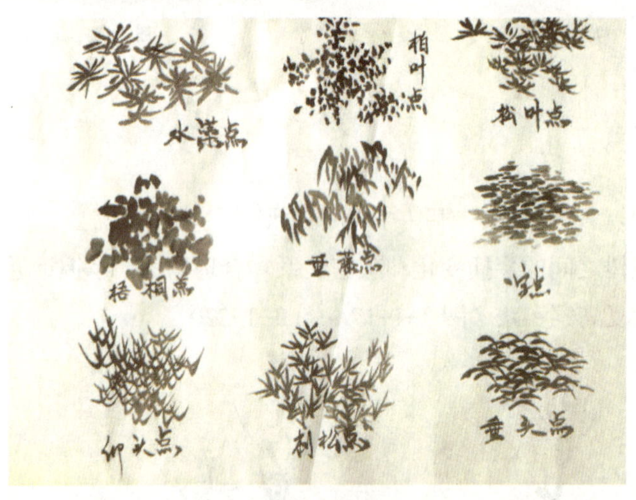

图 3-1-23　点叶法

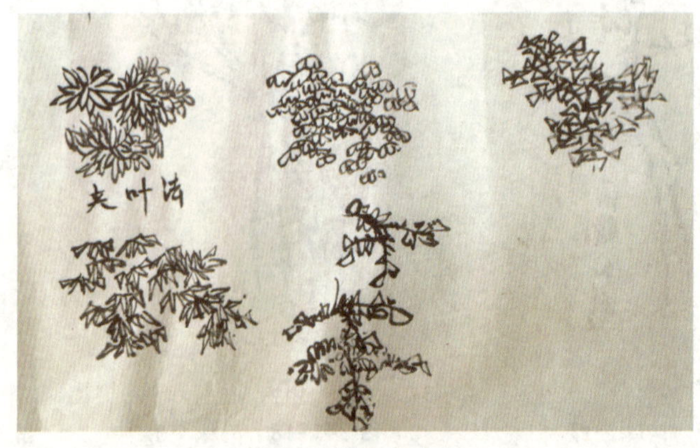

图 3-1-24　夹叶法

四、近树画法

近树画法如图 3-1-25 ~ 图 3-1-28 所示。

图 3-1-25　菊花点树（右上）胡椒点（左下）

图 3-1-26　吴镇（号梅花道人）近树画法

图 3-1-27　范宽丛树画法

图 3-1-28　刘松年丛树画法

五、远处小树画法

远处小树画法如图 3-1-29 所示。

图 3-1-29　远处小树画法

拓展学习

描写树的诗句集锦

任务实训

■ 任务内容

用四尺半开宣纸临摹古代优秀山水画中的树木。

■ 任务目标

掌握写意树木的笔法、墨法；体会各种树木的质感表达。

■ 任务成果

将完成的作品形成彩打图片，附于本书工作页式任务工单中的实训任务单 15。

任务三　写意云水画法

技法讲解

一、烟云画法

中国山水画中的烟云属于“虚”的物体，中国画重视虚实相生，讲究计白当黑，常用“虚”和“白”画烟云，山中藏云，给人以无限的遐想。云烟一般是依附于山头的变化而变化，所以，画烟云必须结合山石结构来画，做到虚实相生。

画烟云要讲究调墨、运笔和快慢。可以采用以下几种方法画云烟。

（1）笔蘸淡墨，用笔讲究气势，不能全露笔迹，使之时隐时现，把云一层一层地画出来，使人感到云气生动。

（2）湿水渲染法，先把画云的地方用清水染湿，然后用淡墨渲染烟云，这种办法需要掌握好纸的湿度和笔水分的多少。

（3）在应画烟云的地方，中间全留白，而在周围处画出烟云的外形，外形用淡墨、浓墨交替运用，不能画得太实。

（4）用粗细不同、多变的线勾画烟云，将其结构画出，在工笔山水画中常用此方法（图 3-1-30）。

图 3-1-30　勾云法

二、水的画法

自然界中水的存在是根据地理环境的不同而变化的，所以才有江、河、湖、海、瀑布和小溪之分。水的变化主要是依据景物布局灵活处理的，其画法也相应有所不同。江宜空旷，河宜苍莽，湖宜平远，海宜浩瀚，瀑布宜奔放，小溪宜潺湲。在画的时候一方面通过不同的水纹变化来显现，另一方面可根据其他景物的特征及水中船只等景物让人感觉出来（图 3-1-31 ~ 图 3-1-34）。其表现手法有以下几种。

勾：勾水的方法是用线条的多种变化表现出不同水的感觉。水一般是运动的，所以勾水的线条要有规则，不能刻板，做到流畅自如、生动自然。主要以中锋用笔为主，侧锋为辅，做到收放自如。可以根据水的流动波浪变化采用拖笔和颤笔等表现手法。

空：在构图布局时，把水的位置空出。注意水的形状，关注是江河湖海还是瀑布小溪，空出来的空间与主体景物和谐统一，做到自然随意。

染：勾出和空出的水为了加强效果，可做进一步渲染。染色墨要沉稳，还要注意画面的整体关系。

图 3-1-31　水的画法一

图 3-1-32　水的画法二

图 3-1-33　水的画法三

图 3-1-34　水的画法四

拓展学习

描写祖国大好河山
的诗句

任务实训

■ 任务内容

在四尺半开宣纸上临摹古代优秀山水画中的云水。

■ 任务目标

掌握写意云水的画法。

■ 任务成果

将完成的作品形成彩打图片，附于本书工作页式任务工单中的实训任务单 16。

任务四　写意点景画法

技法讲解

写意点景在山水画中的作用是很重要的，它可以增加画面的感染力与意境。而我们写生山水时，点景能交代具体的地点地貌，几只动物、一叶扁舟、一座桥、一个草垛等，都很明确地说明了环境。点景尽管在画面中所占的位置不大，但它所透露出来的生活情趣能使我们的作品增加灵气，起到“画龙点睛”的作用。

写生点景时，要注意到两个方面的内容。一是点景的位置安排。点景是小景物，在画面中不能喧宾夺主。我们要从整幅作品的构图、位置和整幅作品的气势走向，以及点线对比、疏密对比进行考虑，或是根据点景与周围环境的搭配角度及点景在表达画面意境方面进行考虑，尽最大可能考虑各方面的因素，选择合适的点景进行刻画。二是在刻画点景时要在用笔、用墨、用色上对其进行不经意的处理。看似随意，实则刻意，这是对点景的要求。点景只是一个配景，所谓的随意是指安排合理、用笔轻松、自然而然的搭配。但是所谓的刻意却是用心琢磨，精心安排，使其出现在画中显得不唐突、不做作。点景的形态、动态、浓淡、墨色都需要动脑筋细心考虑，而不能随意妄为。

一、亭台、楼阁、村舍

亭台、楼阁、村舍画法如图 3-1-35 ~ 图 3-1-46 所示。

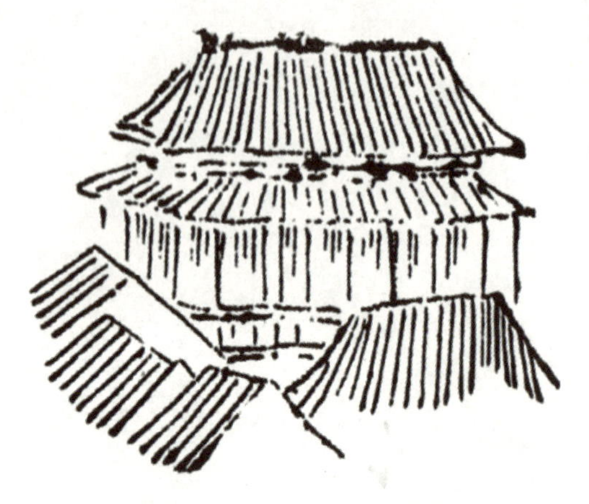

图 3-1-35　楼殿正面

图 3-1-36　楼殿侧面

图 3-1-37　楼殿远眺

图 3-1-38　桥亭结合

图 3-1-39　绝壁栈阁

图 3-1-40　村庄茅屋

图 3-1-41　柴门

图 3-1-42　乱石垒墙

图 3-1-43　远处村落层叠画法

图 3-1-44　远处城楼画法

图 3-1-45　远处村落平居四列画法

图 3-1-46　首尾连接画法

二、小桥、船舶

小桥、船舶画法如图 3-1-47 所示。

图 3-1-47　小桥、船舶画法

拓展学习

界画

溥心畬绘《萧寺入寒云》界画

任务实训

■ 任务内容

在四尺半开宣纸上练习小动物、一叶扁舟、一座桥、一个草垛等点景。

■ 任务目标

掌握写意山水画点景的画法。

■ 任务成果

将完成的作品形成彩打图片，附于本书工作页式任务工单中的实训任务单 17。

单元二 写意山水画

山水画一般经过勾、皴、点、染四个阶段才能完成，同时要体现出立体感，画群山注意有主次之分，主峰需画得高大，主峰、群峰相互照应，形成整体；还要表现出络绎不绝的山脉的迂回曲折，要把山的脉络交代清楚。

具体技法一般有以下四种。

勾：通过粗细线兼用勾出山的轮廓线，用以描绘山的造型。用笔要有转折顿挫，表现出质感和力量。画线的疏密可由阴阳关系来决定，阳面着光，线条较细；阴面背光，线条较粗。

皴：是画山不可缺少的技法。为了体现山的厚重、郁葱，就需要用皴法表现山的厚重感和阴阳向背关系。一要塑造阴阳向背关系；二要加强山的重量。山上有小树、有乱草、有石纹，皴法就是描写这些形态的。故画山宜毛不宜光。按阴阳向背的关系来皴，皴出立体关系。

染：勾皴完毕，从局部到整体，随之勾、皱、浓、淡形象的变化染墨或染色。染色是把笔墨画到七分，留下三分来染色。

点：这里所说的点是苔点、杂草、远处小树，用浓、干、湿墨点来点。点在山石脊背上或山石中部，根据需要处理近浓、远淡的原则；也可以在老树上点，点为老树的疤点或寄生植物。点每个苔点都要注意不能落在一起，不能聚堆，不能太散，需要有聚有散、疏密有序。

学习山水临摹作品，一是要选择古代名家的名作入手，画到一定的熟悉程度后，可以筛选一些现代名家的作品，选择自己喜欢的风格进行临摹和学习。在基本技法练习阶段，《芥子园画谱》是很好的选择。我们通过对中国画发展史及山水画史的学习了解到在唐代已有山水画，但保存下来的作品不多，真迹不易看到，所以可供临摹学习的作品一般从五代开始。可以把各代画家分为五代北宋时期（代表画家董源、巨然、荆浩、关仝、李成、郭熙、范宽）、南宋时期（刘松年、李唐、马远、夏圭）、元代（赵孟頫、元四家、高克恭）、明代（明四家、蓝瑛和董其昌）和清初（“四王”“四僧”）四个时期。如果考虑到画面的清晰等因素，我们可以从明清画家（“四王”“四僧”）的作品作为入门起手。

任务一　写意山水画临摹

技法讲解

以明末清初画家石涛的山水画（图 3-2-1）临摹为例，步骤如下。

步骤 1

用软木炭条，勾出山石、树木、房屋的大体位置及形状（图 3-2-2）。

步骤 2

中锋勾写山石，可边勾边皴擦、注意体会原作的笔触、墨色、山石形态的表现等（图 3-2-3）。

图 3-2-1 《山水画图册》清 石涛

步骤 3

中锋写出树木，注意树叶、树干的写法临摹，临其意，不拘泥于每笔是否相同（图 3-2-4）。

步骤 4

继续写出中景房屋及远处山石（图 3-2-5）。

步骤 5

继续写出远处山石。注意山的造型特点、大小间隔（图 3-2-6）。

步骤 6

根据原图点景人物、着色进行分析，用赭石和花青施色，并题款（图 3-2-7）。

图 3-2-2 步骤 1

图 3-2-3 步骤 2

图 3-2-4 步骤 3

图 3-2-5 步骤 4

图 3-2-6 步骤 5

图 3-2-7 步骤 6

拓展学习

四僧画派

任务实训

■ 任务内容

临摹名家山水画 2 幅以上。

■ 任务目标

掌握写意山水画临摹步骤，学习名家绘画立意构图、用笔用墨方法，体会画家寄情山水、热爱自然的情感。

■ 任务成果

将完成的作品形成彩打图片，附于本书工作页式任务工单中的实训任务单 18。

任务二　写意山水画创作

技法讲解

经过一段时间山水画临摹练习，具备一定水平的笔墨基础，就要多到生活中进行大量的写生。积累创作素材之后，就可以进行山水画创作。临摹和写生的好坏决定创作的表现。创作要有新意、个人面貌和时代特征。

一、构图

中国山水画的构图有着特色的规律，主要由观察方法和表现方法的特殊性所决定，具体有主与次、取与舍、重与轻、开与合、平均与均衡、对称与呼应、稳定与奇险、疏密与聚散、大与小、虚与实、明与暗、藏与露、统一与变化等阴阳对偶关系。

写意山水画构图有“三远”构图法。“三远”构图法是观察自然的方法。

（1）平远法。景物和视平线同一高度的构图称为平远，正常视线看景物，物象变化不大，有平淡自然之感。

（2）高远法。景物高于视平线仰视的构图称为高远，视平线压低，仰视山峰，使山峰表现得较为夸张，其在纸面上就有了高耸入云之感。

（3）深远法。景物在视平线下俯视的构图称为深远法。深远法构图较为深远，居高临下俯视全景，群峦叠嶂，有广阔幽深之感。

无论处理多么复杂的景致，使用这三种办法都能将其概括在内。因为构图比较复杂，所以画家非常重视构图，在处理画面时必须经过反复推敲，否则画家也会失误。

二、用墨

中国画讲究气韵生动，处理好墨的淋漓自然变化，才能使画面产生气韵生动的效果。中国画对墨的要求是极高的，作画要“以墨为主”“以墨为彩”，依靠墨色的变化来解决画中一切问题。这是中国水墨画的独到之处。

（1）墨分五彩。墨分五彩是指墨的浓淡变化丰富，并不是只有五种变化。用墨有焦、浓、重、淡、清几种层次变化，而在具体画的过程中，墨色的变化比这几种层次要细微、丰富得多。墨能形成这些变化，主要依赖于用水及用笔。水的多少、用笔的轻重缓急等都可以形成不同的墨色变化。因此，在练习掌握用墨过程中，不能忽视用水和用笔。

（2）泼墨画法。泼墨画法是在画的过程中，采用毛笔蘸墨，泼洒于画纸之上，根据其所显现出的不同形态，即兴发挥，阔笔大写一气呵成的创作图画。用笔用墨连勾带皴、染，以求达到水墨淋漓、生动自然的效果。泼墨画法对笔墨的基本功及熟练程度要求较高，用水用笔都能随意自如，才能画出生动自然的效果。要求作画前对整体关系心中有数，笔墨变化随意生发，表现出静物的形体结构关系豪放而不失格局。

除此之外，还有积墨画法、干墨画法、湿墨画法、破墨画法、浓破淡、淡破浓、湿破干、干破湿、墨破色和色破墨等用墨方法。

山水笔墨技法有勾、皴、擦、染、点。“勾”是最能体现笔墨技巧和变化的用笔技法，用笔以中锋为主，间以侧锋，行笔要有轻重缓急的节奏变化，用墨要有浓淡干湿变化。“皴”是山水画中常用的技法，其变化丰富、表现力全面，用笔以侧锋为主，也要有中锋皴笔，同样要注意轻重快慢变化。画山水“勾”不足时“皴”来补，“皴”不足时用“擦”来补，主要用侧锋，笔毛铺开，根据皴的用笔变化交叉行笔。“染”分擦染和渲染，笔触较大，笔中含水分也多。“点”在山水画技法中表现力丰富，不仅可以表现山石的苔点，还可以表现山头的小树，一般用笔尖点，点时笔毛要平均着纸，笔锋聚而不散，下笔重而实，同时要有轻重快慢的节奏变化，点出疏密、聚散、错落有致的效果。

三、山水画创作过程

1. 山水画创作必须具备的条件

山水画创作必须有一定水平的笔墨基础，有丰富的生活体验，还需要有较高的文化艺术修养、内在气质，加上天赋，就具备了进行山水画创作的良好条件。因而，我们在学习山水画和创作山水画的过程中，不断提升自己的素质及创作思路、方法，使自己的山水画创作逐渐成熟。

2. 山水画创作方法

山水画有三种具体方法。

（1）先确定立意，然后开始构图制作。这是一种严谨认真的创作形式，能表现出画家的整体水平和风格。

（2）确定立意与构图同时进行。这种创作形式多运用在山水画对景写生中，或是整理速写稿及写生拍摄的素材照片时，这种创作形式开始阶段体现景物的感觉是主要的，立意比较模糊，随着创作的深入，主观立意开始明确。

（3）进行构图制作，然后确定立意、深化主题。这种创作方法的特点是在开始画时想法不成熟，随着画的逐步展开，立意才逐渐明朗化。

这三种方法只是根据山水画创作的一般规律进行概括，不能把所有形式和方法包括在内。画无定法，在实际创作中，要根据内在气质、艺术素养、艺术追求充分发挥和表现出自己的立意。

四、写生创作步骤

写生创作时，我们选中的对象可能不在同一视线范围内，构图时，要主动选择对象，为画面服务。

（1）第一步，构图起稿。根据客观对象进行画面布局，选取一种构图形式，发挥中国画中的散点透视法。可以将布局设置为“深远”加“平远”，使画面既有在高空俯瞰时的幽然深邃之境，又有平视时的远山近峰之势。

（2）第二步，掩墨带水。以干笔中锋勾勒物象外轮廓，同时用侧锋皴擦塑造山石质感。用湿墨染出山石明暗，讲究虚实对比。第一遍使用干墨塑形，第二遍笔蘸墨去皴擦点染山和云的层次，先浓后淡，层层渲染，渐次深入。

（3）第三步，设色。中国山水有浓墨重彩，也有水墨淡彩。传统中国画一般用色比较单纯，白描是画，水墨是画，颜色也是画，但画颜色尤其要注意处理好“雅”与“俗”的关系，关键在于把握用色。

（4）第四步，题款钤印。画书印结合为中国绘画艺术所独有。题款是否得当，主要不在多少，在于整体统一和谐。题款内容一般包括作者姓名、作画时间和地点，可以画题，也可以题诗，这就涉及书法艺术，学画者要加强书法艺术的训练。题款需要作者提前留好位置，要从全局的章法考虑，款书的大小、长短、使用的书体等要素需为整体服务。同样，钤印也是如此，考虑盖几方印，大一点还是小一点，用朱文还是白文，都要认真对待，否则会影响整体画面。

下面以谢德明《故乡》的创作步骤为例进行介绍（图 3-2-8）。

1. 构图起稿，可用木炭条轻轻勾，也可在心中起稿，从前景树木开始点写

2. 以干笔中锋勾勒山石外轮廓，同时用侧锋拖墨带水皴擦塑造山石质感

3. 由近推远，同样画出中景处树木、点景

4. 拖墨带水勾画皴擦中景处的山石

5. 拖墨带水勾画皴擦远景处的山石

6. 笔蘸墨皴擦点染山和云的层次，先浓后淡、层层渲染、渐次深入

图 3-2-8 《故乡》创作步骤 谢德明

7. 用花青、赭石等设色

8. 题款钤印

图 3-2-8 《故乡》创作步骤 谢德明（续）

拓展学习

中国五岳名山

任务实训

■ 任务内容

创作一幅写意山水画。

■ 任务目标

掌握写意山水画创作方法，体会画家寄情山水的艺术表现方法。

■ 任务成果

将完成的作品形成彩打图片，附于本书工作页式任务工单中的实训任务单 19。

模块小结

请结合模块学习思考总结以下问题：

1. 本模块学习的主要内容有哪些？试总结笔墨技法。

2. 任务中遇到了怎样的问题？采取的解决措施有哪些？

3. 分析本模块的内容与中小学美术及社会美术教育等岗位工作结合情况。

4. 继续学习的方向及措施是什么？

模块四 人物画

知识目标

掌握白描人物、工笔人物、写意人物基本绘画理论。

技能目标

学习和分析画家笔、墨、色的各种技法，通过大量的临摹及创作，体会并逐渐掌握人物画用笔、用墨、线条、设色、技法；能独立完成人物画创作。

素质目标

通过对中国人物画的学习，体会中国画的笔墨精神、人文内涵；体会作品传达出的中华民族美德、家国天下的爱国主义情怀；树立讴歌祖国、讴歌人民、讴歌时代创作导向。

单元一 白描人物画

人物画是中国画的题材之一，比山水画、花鸟画出现得更早。人物画从表现的人物类型上又大体分为道释画、仕女画、肖像画、风俗画、历史故事画等。人物画从技法上可以分为三类：一为白描画法；二为工笔设色画法；三为写意画法。

白描，作为一种独立的画种既是中国画造型的主要手段和形式，也是学习中国人物画重要的基础。如战国楚墓出土的两幅我国最早的帛画，即以白描画法表现。早期的白描画，其线描技法以均匀流畅的线条为主，到了唐朝吴道子，才把白描线条发展到有粗细轻重的变化，能生动地表现衣褶的动感与厚度感。北宋画家李公麟可称是白描画法的代表性人物，其作品《维摩演教图》把线条的特色发挥到了理想的境界。

任务一　白描人物画临摹

技法讲解

学习白描人物画，一是从临摹入手，二是从写生入手。临摹时可以选择仿画，也可以选择拓画，对于初学者来说，拓画更有利于造型及线条的把握。

临摹人物画分以下几个步骤完成。

一、选择临摹底稿

初学白描人物，可以先选择从古人的绘画中吸取精华，去理解“十八描”，理解中国人物画线条造型方法，如吴道子的《天王送子图》（图 4-1-1）；而后选择临摹一些近代名家人物作品，理解现代人物绘画中衣服、结构、五官特征等表现方法。

二、放大临摹底稿

可以运用素描基础知识，将选择的稿子放大到宣纸相应大小的素描纸上，这样可以对原作有更深入的观察和理解；或者用现代打印技术直接放大。

三、读画

读画是临摹不可少的一个步骤，不要拿到底稿就直接开始描摹，要学会仔细读画，了解原作的绘画内容、线条的运用与穿插关系、墨色的变化等，做到心中有数。

四、白描勾线

在对原作有了较为深刻的认识后，运用线条、墨色等的变化勾勒完成人物各个部分，形成线条表现力强、墨色运用恰当的白描稿。

图 4-1-1　《天王送子图》（局部）吴道子

任务实训

■ 任务内容

临摹白描人物画。

■ 任务目标

学习使用不同的笔法来描绘人物的不同部位，更好地塑造形体和质感。

■ 任务成果

运用拓画临摹的方式完成四尺三开以上白描人物画，拍照打印，附于本书工作页式任务工单中的实训任务单 20。

任务二　白描人物画写生

技法讲解

古人作画常用心写，看到所画对象后用心记下，回来后在纸上画出，很少当面画。当速写的方法从西方传入后，近现代画家们把这种方法用于创作中，徐悲鸿、黄胄等都是成功的范例。白描人物写生要求要把速写的线条变为国画中的线条，这是我们要努力去学习和解决的问题。在素描、速写的训练中要注意对结构的掌握、对线条的理解。在中国画中，线条是构成画面结构美的元素，通过线条的穿插排比，构成长短、疏密、方圆的图形，形成画面的视觉强弱对比，塑造出深厚的绘画语言的逻辑空间。

白描人物写生可形成工笔和意笔两种形式。

白描人物画可分以下几个步骤完成。

一、起稿

若是在熟宣纸上勾勒工笔白描人物画，就需要先在素描类纸张中构图立意，用素描的方式造型，用工笔白描的线条规整地表现人物结构，如动态比例、衣服皱褶、五官特征及画面背景等。若是意笔白描，可以直接用木炭笔在生宣纸上起稿，用直线画出大体形体特征即可（图 4–1–2）。

二、过稿

过稿主要针对的是工笔白描。将宣纸覆盖在绘好的素描底稿上，用不同墨色和不同质感表现的线条将稿子过在宣纸上即完成工笔白描作品（图 4–1–3）。而意笔白描要求在宣纸上不要用同样粗细、深浅的墨线去勾，要坚持书法入画，去写而不是描。勾线前要先定主次，分虚实。高处和前面的部位要画实，低处及后面要画虚。所以高处的部位用笔要实，用墨要重些；低处部位用笔要虚，用墨要淡些。根据对象的不同年龄、性别及特点来调整笔墨，如画男性，肌肉比较明显，用笔可粗硬些，转折也要方直些；女性皮肤比较细腻，结构比较含蓄，用笔可圆转些，用墨也可湿润些。写意人物画用笔潇洒、简略，线的变化较大，故“意笔如草书”。

图 4-1-2　工笔白描起稿

图 4-1-3　工笔白描过稿

拓展学习

十八描

任务实训

■ 任务内容

白描写生人物一幅。

■ 任务目标

通过对白描人物写生，掌握白描写生人物的方法和审美。

■ 任务成果

完成不小于四尺斗方白描人物写生一幅，拍照打印，附于本书工作页式任务工单中的实训任务单 21。

单元二 工笔人物画

工笔人物画是以人物为主要表现对象，以单纯的线条勾勒作为造型手段，借助线条的粗细长短、方圆曲直，用笔的轻重缓急、虚实疏密、顿挫刚柔，用墨的浓淡干湿在造型上的生动运用和有机结合，再加之色彩分染、罩染、烘染等手法的运用处理，细致入微地表现形体的质量感、动态感和空间感。

设色以固有色为主，一般设色艳丽、沉着、明快、高雅，有统一的色调，具有浓郁的中华民族色彩审美意趣。

学习工笔人物画要掌握材料、传统技巧、线描、造型、设色和审美法则等诸多方面的基础知识。学习的有效途径首先是临摹优秀的作品，研究、借鉴前人的经验，再是写生，而后进行创作。

任务一 工笔人物画临摹

技法讲解

以《簪花仕女图》局部（图 4-2-1）人物临摹为例学习临摹的步骤和方法。

《簪花仕女图》传为唐代周昉绘制的一幅画，粗绢本，设色，纵 46 cm，横 180 cm。卷无作者款印，也无历代题跋及观款。作品现藏于辽宁省博物馆。画中描写了六位衣着艳丽的贵族妇女及其侍女于春夏之交赏花游园。不设背景，以工笔重彩绘仕女五人、女侍一人，另有小狗、白鹤及辛夷花点缀其间。

图 4-2-1 《簪花仕女图》（局部）

步骤 1（图 4-2-2）

（1）用铅笔将线描稿准确地拷贝在黄绢上。

（2）用重墨勾发髻、簪花及上眼睑线，披帛和长裙上的团花次之；绣花长裙、透明纱衫再次之；肌肤部分用淡墨。

（3）勾线时注意透明衣衫的下垂感及流畅飞动的形态。

（4）勾勒绣花长裙和团花图案时要自由洒脱，不要简单地拘泥于外形，与纱衫线形成对比，更能表现出它的精致。

步骤 2（图 4-2-3）

（1）用淡墨多遍渲染发髻，注意渲染位置，不要将发际线完全盖住。

（2）用淡墨渲染紫色披帛。

（3）用花青、墨渲染眉毛，仕女面部、指尖用淡胭脂渲染。

（4）用花青、胭脂渲染团花图案，曙红渲染长裙底色及红瓣花枝头饰。注意，绣花长裙被遮盖部分渲染的颜色要比未遮盖部分浅一些。

步骤 3（图 4-2-4）

（1）用朱砂渲染绣花长裙底色及花瓣头饰。

（2）人物未被遮盖的肌肤部分罩染稍厚白粉，透明白纱衫用薄白粉罩染。

（3）用花青、胭脂罩染披帛以呈现紫色。

（4）用淡草绿罩染人物束胸的宽带。

图 4-2-2　步骤 1

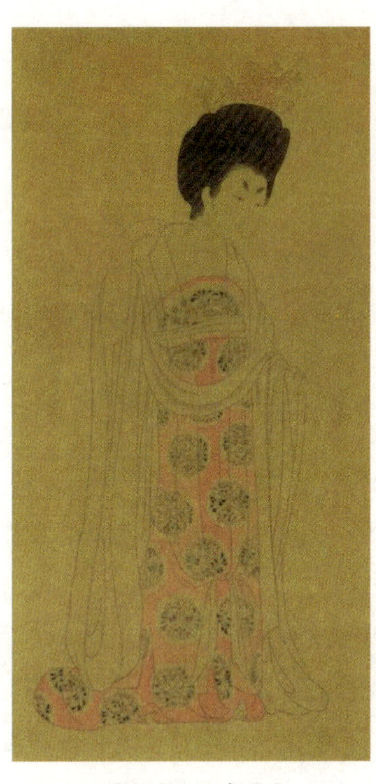

图 4-2-3　步骤 2

图 4-2-4　步骤 3

步骤 4

（1）在绢背面人物肌肤部分和团花图案部分反衬厚白粉。

（2）用头绿、朱砂画出披帛上的云凤图案并勾白粉线条（图 4-2-5）。

（3）沿透明白纱线外缘自由勾勒出较稠的白粉线，不一定紧贴墨线，以表现出薄纱轻柔的状态，同时用白粉线勾勒出纱衫上的白色菱形图案（图 4-2-6）。

（4）用花青、墨醒出人物的眉眼部分，嘴唇用朱磦渲染，用淡胭脂给肌肤部分醒线（图 4-2-7）。

（5）用石色、金粉画出发髻及手臂上的饰物。

（6）用淡墨给发际上的发丝醒线。

图 4-2-5　披帛图案勾线设色

图 4-2-6　衣纹细节稿

图 4-2-7　头部细节

拓展学习

簪花仕女图全图

任务实训

■ 任务内容

临摹簪花仕女图局部。

■ 任务目标

掌握工笔人物画临摹步骤方法，体会人物神情表达。

■ 任务成果

绘制不小于四尺三开局部人物临摹作品，拍照打印，附于本书工作页式任务工单中的实训任务单 22。

任务二　工笔人物画创作

技法讲解

工笔人物画创作步骤如下：

（1）起稿。用写生的方式或将人物拍照作为写生参照（图 4–2–8），在素描纸上画线描稿。需要注意人物的姿态、细节，尽可能地展现人物性格与画者对人物个体的整体感受（图 4–2–9）。

图 4–2–8　写生参考照片

图 4–2–9　铅笔线描

（2）过稿。将完善好的线描稿放在宣纸或绢的下面进行过稿勾线。可使用小红毛、叶筋等勾线笔。注意不同的部位墨色的区分，勾线时将线与线之间的关系厘清，注意起始、轻重、长短、转折等关系。用笔注重手感，不拘一格（图 4–2–10）。

（3）设色小样稿。画设色小样稿，以便在设色中做到心中有数（图 4–2–11）。

图 4–2–10　过稿

图 4–2–11　设色小样稿

（4）渲染上色。勾完线后，就可以进行渲染上色。渲染多用水色，包括半透明的赭石、朱磦，而不用石色，以防止罩色时颜色泛出。渲染时要从结构出发，根据对象的凹凸、浓淡、转折、遮叠等变化，用不同程度的淡墨或水色调墨，染在鼻翼、眼角、嘴角、头发等处。人物皮肤颜色的处理要因人而异。少女皮肤细腻，肤色调和时可以稍加粉质颜料，以期达到娇嫩滋润的效果。画老汉的肤色以水色为佳，色彩宜沉重厚实。渲染时用色的深度与墨线的深度要相宜，既要发挥线在画中的形式美和主导作用，又要让色与墨线协调统一。在墨线上，尤其是在轮廓线上稍加渲染，可以使线浑圆而有厚度。在整个设色过程中，往往渲染与罩色交替进行。罩色时，可以用同一种颜色多次罩色，也可以用不同的色彩交替罩色来达到所追求的色调。在薄纸或绢的背面可以衬一块颜色或墨色，使画面正面的形象色彩更加沉稳饱满而有厚度，且保持色彩的鲜明、透气。一般背面衬托用的颜色相对比正面用色厚些。

（5）深入刻画。设色过程也是画面不断深入的过程。人物的脸部，尤其是眼、嘴、鼻、眉、耳等传神部位，还有富于动作表情的手足，都要仔细深入刻画。细微的刻画服从于整体，不必面面俱到。

（6）调整完成。深入刻画后，对画面整体进行审视是不可少的。人物形象神情表现是否到位，色调是否协调，渲染着色是否有色遗漏等均需细心检查并加以调整。整个画面、人物、背景关系统一和谐，人物神采能恰当体现（图 4-2-12）。

图 4-2-12　设色完成稿 吴丹

拓展学习

周昉

任务实训

■ 任务内容

创作一幅工笔人物画。

■ 任务目标

了解创作的步骤方法，感受工笔人物画的审美意趣。

■ 任务成果

创作不小于四尺全开工笔人物画一幅，拍照打印，附于本书工作页式任务工单中的实训任务单23。

单元三 写意人物画

兴起于宋代的写意人物画，也称作“简笔”水墨人物画，写意人物宜选用生宣纸或生绢，运用豪放而简洁的笔墨，生动地表现出人物的神韵。

写意人物画大致可分为写意线描（写意白描人物）、写意设色、大写意三类。写意线描在白描人物当中已经讲到，这是写意人物画的重要基础，也是可独立运用的表现形式。写意设色，是在一定的写意线描学习的基础上进一步进行笔墨设色方法的训练，特别是在对于色墨的运用表现技巧中；写意着色可从着色兼工带写入手，并逐渐放开用笔而进入一般着色意笔。着色方法也可先学淡彩着色，再研究重彩的表现。大写意，是最大限度发挥写意人物画技法特性、相对难度较大的一种形式，一些传统的简笔、泼墨、泼彩、泼水等技法都可在大写意的大笔挥洒之中得到充分运用。

任务一 写意人物画临摹

技法讲解

写意人物画传统的学习方法主要采取临摹。这种方法对于继承具体技法是很有效的。具体方法可以读画为主、临画为辅。

写意人物画临摹步骤如下。

（1）选择临本。根据自己喜欢的风格，以及创作需要、丰富表现技法选择临本。选择以笔迹清晰、质量较好的原作为好。譬如《泼墨仙人图》（图 4-3-1）是现存最早的一幅泼墨写意人物画，在用笔上，只有五官用线简单地勾勒，头发和胡须则运用大笔侧锋描写，用墨干湿浓淡变化准确自然。在身体动作形态的描绘上，更加豪放自如，更多地运用蘸有饱满墨汁的大笔以侧锋写出。又如近代画家李耕的《东坡笠屐图》（图 4-3-2）笔墨线条的运用很好地表现了人物形象及神态。临习优秀作品有助于我们掌握笔墨、线条的技巧。

（2）读画。仔细观赏临本，领略画意。为此，也要阅读有关作者生平的材料，特别是与此画有关的评论。注意，画面的题跋、款识、印章都有助于对画意的理解。

（3）技法分析。领略画意之后，详审技法特点，推敲画面效果是如何取得的，斟酌原作使用的器材，主要是画本是纸是绢，是生纸还是熟纸；作画用笔类别是硬毫、软毫，还是兼毫；再是用水的质量，是自然水还是含胶的水；以及作画工序，先画什么、后画什么，从何处起笔等。

图 4-3-1　《泼墨仙人图》南宋 梁楷

图 4-3-2　《东坡笠屐图》近代 李耕

拓展学习

朱万章：为何张大千数次画《东坡笠屐图》？

成语典故——河东狮吼

任务实训

■ 任务内容

临摹一幅写意人物画。

■ 任务目标

了解写意人物临摹的步骤方法，感受写意人物画的用笔、用墨及审美意趣。

■ 任务成果

四尺以上纸张临摹写意人物画一幅，拍照打印，附于本书工作页式任务工单中的实训任务单 24。

任务二　写意人物画创作

技法讲解

写意人物绘画步骤如下（图 4-3-3 ~ 图 4-3-5）。

一、观察

绘画前进行多角度、全方位的观察是非常必要的，有时为了更加准确地把握人物神情、精神风貌、性格等特征，还可以与绘画对象进行一些交流，这也是动静结合的观察方式。观察的同时，在心中要对人物进行艺术元素、艺术语言的处理，也就是打腹稿的过程，这便是观察的目的和任务。

二、起稿

用易于修改的工具（木炭条）起稿，起稿一是注意经营位置（构图）合理，艺术地将人物安排在画面之上，二是以形写神（造型），准确、生动地将人物描绘在画面上。

三、勾勒

用中国画特有的艺术语言对写生对象进行勾勒落墨。在落墨前要对作品的完整效果有所设计，选择适当的笔墨程序，以便决定勾勒时选择最佳的用线效果。在勾勒的过程中，用不同粗细、浓淡、方圆、干湿、快慢的笔墨围绕人物的形神展开，不同的线最能表达人物精神风貌、个性特点。

四、皴擦

采用枯笔侧锋、长短相兼的用笔方式对勾勒好的画面进行皴擦，以便于丰富画面、表达质感、强化节奏，使画面协调统一。

五、泼墨

泼墨是写意人物画中常常使用的方法。其用墨可分为两类：一为泼淡墨，保留勾勒皴擦的效果；二为泼浓墨，重新构造画面的笔墨关系。泼墨的方法笔酣墨畅、大笔概括、随形写意，能起到协调关系、增加作品厚度、拈实为虚、调整节奏的作用。

六、着色

中国画着色的基本原则是采用谢赫“六法论”中的“随类赋彩”，一般重点放在面部与手部及个别的衣着色彩的处理上。

七、整理

整理的作用在于调整整个画面的主次关系、笔墨关系、虚实关系等，使画面有协调、有序、互为依存的艺术状态。整理从三个方面入手：一是完成面部的刻画和手部的描绘；二是丰富衣着与身体的用笔用墨；三是协调头与手、头与身体的主次关系。注意一般是强调主要部位，如面部、手部和画面主要的结构部位。削弱次要部位，如衣服的次要衣纹和一些不表达结构的部位。

图 4-3-3　木炭条起轮廓

图 4-3-4　勾勒 皴擦 落墨

图 4-3-5　设色 整理 完成 /《惠安风情》纸本 马国强

拓展学习

孙建东《布袋和尚》
画法和步骤

任务实训

■ 任务内容

创作一幅写意人物画。

■ 任务目标

了解写意人物创作的步骤方法，掌握写意人物画造型构图，体会写意人物画笔墨技法，感受写意人物的用笔、用墨及审美意趣。

■ 任务成果

四尺以上纸张创作写意人物画一幅，拍照打印，附于本书工作页式任务工单中的实训任务单 25。

模块小结

请结合模块学习思考总结以下问题：

1. 本模块学习的主要内容有哪些？试总结笔墨技法。
2. 任务中遇到了怎样的问题？采取的解决措施有哪些？
3. 分析本模块的内容与中小学美术及社会美术教育等岗位工作结合情况。
4. 继续学习的方向及措施是什么？

《中国画教程》

工作页式任务工单

实训任务单1　中国画赏析方法

任务完成人	班级：　　　　姓名：　　　　学号：
相关资源	中国十大名画
作品提交栏	
评价与评分	

实训任务单 2　绷绢框的方法

任务完成人	班级：　　　　姓名：　　　　学号：
相关资源	视频：绷绢框
作品提交栏	
评价与评分	

实训任务单 3　白描荷花

<table>
<tr><td>任务
完成人</td><td>班级：　　　　姓名：　　　　学号：</td></tr>
<tr><td>相关
资源</td><td>白描荷花参考图片</td></tr>
<tr><td>作品
提交栏</td><td></td></tr>
<tr><td>评价与
评分</td><td></td></tr>
</table>

实训任务单 4　白描兰花

任务完成人	班级：　　姓名：　　学号：
相关资源	白描兰花参考图片
作品提交栏	
评价与评分	

实训任务单 5　白描牡丹

任务完成人	班级：　　　　姓名：　　　　学号：
相关资源	白描牡丹参考图片
作品提交栏	
评价与评分	

实训任务单 6　白描禽鸟

<table>
<tr><td>任务
完成人</td><td>班级：　　　　姓名：　　　　学号：</td></tr>
<tr><td>相关
资源</td><td>白描禽鸟参考图片</td></tr>
<tr><td>作品
提交栏</td><td></td></tr>
<tr><td>评价与
评分</td><td></td></tr>
</table>

实训任务单7　工笔花鸟画临摹

任务 完成人	班级：　　　　　　　　　姓名：　　　　　　　　　学号：
相关 资源	宋小品白描+彩图
作品 提交栏	
评价与 评分	

实训任务单 8　工笔花鸟画创作

任务 完成人	班级：　　　　姓名：　　　　学号：
相关 资源	工笔花鸟《夏》
作品 提交栏	
评价与 评分	

实训任务单 9　写意荷花画法

<table>
<tr><td>任务
完成人</td><td>班级：　　　　姓名：　　　　学号：</td></tr>
<tr><td>相关
资源</td><td>写意荷花参考图片　　写意荷花教学视频</td></tr>
<tr><td>作品
提交栏</td><td></td></tr>
<tr><td>评价与
评分</td><td></td></tr>
</table>

实训任务单 10　写意牡丹画法

任务完成人	班级：　　姓名：　　学号：
相关资源	写意牡丹参考图片　写意牡丹教学视频
作品提交栏	
评价与评分	

实训任务单 11　写意菊花画法

任务完成人	班级：　　　　　　姓名：　　　　　　学号：
相关资源	写意菊花参考图片　　写意菊花教学视频
作品提交栏	
评价与评分	

实训任务单 12　写意禽鸟画法

任务 完成人	班级：　　　　　　姓名：　　　　　　学号：
相关 资源	写意人物参考图片集　　写意禽鸟（麻雀）教学视频
作品 提交栏	
评价与 评分	

实训任务单 13　写意果蔬画法

任务 完成人	班级：　　　　姓名：　　　　学号：
相关 资源	写意果蔬参考图片　　写意果蔬（柿子）教学视频
作品 提交栏	
评价与 评分	

实训任务单 14　山石画法

任务完成人	班级：　　　　姓名：　　　　学号：
相关资源	山石画法参考图片集
作品提交栏	
评价与评分	

实训任务单 15　树木画法

任务完成人	班级：　　　　姓名：　　　　学号：
相关资源	写意树木参考图片集
作品提交栏	
评价与评分	

实训任务单 16　写意云水画法

任务完成人	班级：　　姓名：　　学号：
相关资源	云水参考图片集
作品提交栏	
评价与评分	

实训任务单 17　写意点景画法

任务完成人	班级：　　　　姓名：　　　　学号：
相关资源	山水点景参考图片集
作品提交栏	
评价与评分	

实训任务单 18　写意山水画临摹

任务 完成人	班级：　　　　姓名：　　　　学号：
相关 资源	古代写意山水参考图片集　　临石涛画册图片视频
作品 提交栏	
评价与 评分	

实训任务单 19　写意山水画创作

任务完成人	班级：　　姓名：　　学号：
相关资源	近现代写意山水参考图片　写意山水《故乡》创作图片
作品提交栏	
评价与评分	

实训任务单 20　白描人物画临摹

任务 完成人	班级：　　　　　　姓名：　　　　　　学号：
相关 资源	李公麟《维摩演教图》
作品 提交栏	
评价与 评分	

实训任务单 21　白描人物画写生

任务完成人	班级：　　　　姓名：　　　　学号：
相关资源	白描人物写生参考图集
作品提交栏	
评价与评分	

实训任务单 22　工笔人物画临摹

任务 完成人	班级：　　　　姓名：　　　　学号：
相关 资源	工笔人物画参考图集
作品 提交栏	
评价与 评分	

实训任务单 23　工笔人物画创作

任务完成人	班级：　　　　姓名：　　　　学号：
相关资源	工笔人物创作示范图集
作品提交栏	
评价与评分	

实训任务单 24　写意人物画临摹

任务完成人	班级：　　　　姓名：　　　　学号：
相关资源	《李伯安画集》
作品提交栏	
评价与评分	

实训任务单 25　写意人物画创作

任务完成人	班级：　　　　姓名：　　　　学号：
相关资源	现代写意人物画图集
作品提交栏	
评价与评分	

参考文献

[1] 孙克．写意人物画还要好好发展［J］．艺术沙龙，2010（03）：8-15+7.
[2] 张晓健．梁楷与传统写意人物画中的水墨表现［J］．文艺研究，2005（12）：136-138.
[3] 陈晓华．《泼墨仙人图》对现代没骨水墨人物画的影响［J］．艺海，2011（09）：65-66.
[4] 韩玮．中国画构图艺术（修订本）［M］．济南：山东美术出版社，2021.
[5]［清］王概，王蓍，王臬．芥子园画传［M］．吉林：吉林出版集团有限责任公司，2015.
[6]［清］王概，王蓍，王臬．芥子园画传（康熙原版）［M］．合肥：安徽美术出版社，2015.
[7] 孔六庆．中国花鸟画史［M］．南昌：江西美术出版社．2017.
[8] 邱雯．中外美术简史［M］．上海：上海交通大学出版社．2016.
[9] 陈传席，杨惠东．历代山水画皴法大观：披麻皴［M］．长沙：湖南美术出版社，1996.
[10] 李安．白描画谱［M］．兰州：敦煌文艺出版社，2014.
[11] 冯骥才．画史上的名作——中国卷［M］．北京：文化艺术出版社，2016.
[12] 袁志正．中国画名作鉴赏［M］．北京：新华出版社，2015.
[13] 舒静庐．中外经典美术作品欣赏［M］．合肥：安徽文艺出版社，2013.
[14] 中国画的装裱．中国书画家协会．2012-09-05.
[15] 王树海．通赏中国名画［M］．长春：长春出版社，2014.
[16]《墨兰图》的文学性．凤凰网［引用日期 2018-04-24］.
[17] 张婷婷．中国传世花鸟画［M］．北京：中国言实出版社，2013.
[18] 杨普义．如何鉴赏一幅中国画［EB/OL］．（2022-12-11）．http://www.360doc.com/content/22/1211/12/50120487_1059840492.shtml.
[19] 李晓明．宋画临习・花卉［M］．北京：人民美术出版社，2012.
[20] 马国强．马国强 人物画名家小品［M］．郑州：河南美术出版社，2004.